KB108616

완벽한
샐러드

다비드Davide & 크리스티나Kristina

크리스티나는 레스토랑 매니저 출신으로 열렬한 미식가이고, 다비드는 셰프다.
두 사람은 함께 런던 소호 지구에서 '새비지 샐러드SAVAGE SALADS'를 운영하며
건강하면서도 신선하고 퀄리티 높은 샐러드로 사랑받고 있다.
새비지 샐러드는 맛과 영양에 모두 충실하다. 든든하게 배를 채우면서도
맛있고 몸에도 좋은 샐러드를 추구한다. 스웨덴 출신 크리스티나와
이탈리아에서 온 다비드는 풍부한 맛과 만족스러운 식감의 샐러드를 만들고
각종 고기와 생선을 얹어 낸다. 이 책에는 든든하고 맛있으며
고단백으로 이루어진 새비지 샐러드의 다채로운 맛을 담았다.

완벽한 샐러드

런던 새비지 샐러드의 계절 샐러드와 드레싱

다비드 & 크리스티나

정하연 옮김

버튼북스

CONTENTS

여름

가을

겨울

드레싱과 딥

맛있고 건강한 음식, 샐러드

새비지 샐러드는 맛있고, 보기 좋고, 배부르게 먹을 수 있는 샐러드를 추구합니다. 예전에는 샐러드를 메인 요리 옆에 곁들이는 사이드 정도로 생각했습니다. '건강한' 식사를 위해 어쩔 수 없이 먹는 것이었죠. 샐러드란 그저 양상추에 오이와 맛없는 토마토를 뒤섞고 그나마 사정이 나으면 미지근한 캔옥수수를 얹는 정도였습니다. 아직도 많은 분들이 그렇게 먹고 있고요.

다행히 이제는 많은 것이 달라졌습니다. 레스토랑에서는 깜짝 놀랄 만큼 창의적인 샐러드를 내고, 식료품점에서 전 세계에서 온 독특한 식재료들이 가득합니다. 새로운 트렌드에 따라 신선하고 몸에 좋은 천연 재료를 쓰려는 소비자들도 갈수록 늘고 있습니다.

중동부터 남미, 북유럽까지 다양한 문화의 요리에서 영향이 물밀듯이 들어오고 있으니, 캔옥수수는 이제 넣어두어도 되겠지요? 병아리콩이며 올리브, 검정콩을 섞은 샐러드에 청어 절임과 하몽 세라노, 양꼬치를 얹어 영양이 풍부한 샐러드를 만들어보세요.

물론 아직 샐러드로는 든든한 식사가 될 만큼 단백질이 충분하지 않다고 생각하는 분들도 많습니다. 새비지 샐러드는 그런 의혹을 잠재울 수 있도록 맛있고 건강하며 배부른 고단백 샐러드를 만들어내고자 합니다.

우리는 런던에 있는 가판대에서 점심에 먹어도 저녁까지 든든한 샐러드를 판매하기 시작했습니다. 지금은 런던의 네 곳에서 새비지 샐러드를 만날 수 있습니다. 완벽한 샐러드를 만들어온 노하우로 이 책을 썼습니다.

그냥 샐러드와 '새비지 샐러드'의 차이가 뭐냐고요? 여러 가지의 다양한 곡물류와 육류부터 생선, 치즈, 견과류, 씨앗까지 입맛을 돋우는 풍미를 창의적으로 조합합니다. 벼락치기 다이어트를 하거나 채식을 하는 분들을 위한 요리책은 아닙니다. 몸에 좋은 음식이 얼마나 맛있는지 알려드리기 위한 책입니다. 건강은 부수적인 효과일 뿐이죠.

누구나 쉽게 따라할 수 있도록 재료와 요리법은 간단하게 준비했습니다. 5분 샐러드부터 저녁 식사로도 훌륭한 요리까지, 아주 쉽고 즐겁게 먹고 나눌 수 있는 음식입니다.

이 책은 계절에 따라 나누어져 있습니다. 제철의 신선한 재료야말로 최고의 샐러드를 만드는 기본이기 때문입니다. 이제까지 여름에는 샐러드를 먹고 겨울에는 스튜를 먹었지만 앞으로는 다를 겁니다. 포만감이 높은 곡물이 가득한 겨울 샐러드는 싱그러운 귤과 톡 쏘면서도 달콤한 석류씨를 곁들여 추운 날씨에도 배부르게 먹을 수 있습니다.

제철 레시피는 1년 내내 먹고 싶은 것을 먹을 수 있게 해줍니다. 여름에는 원재료 그대로 익히지 않은 담백하고 상큼한 샐러드, 겨울에는 뿌리채소를 익혀 따뜻하게 먹을 수 있는 샐러드를 때에 맞게 즐길 수 있습니다.

제철 재료와 입맛을 당기는 매력, 바로 새비지 샐러드가 만드는 건강한 음식입니다.

완벽한 샐러드를 만드는 두 사람

다비드와 저(크리스티나) 둘이서 새비지 샐러드를 만들고 있습니다. 매일 새벽같이 대형 주방에서 신선한 제철 재료로 맛있는 샐러드를 만들지요. 평소 런던 소호 지구의 새비지 샐러드 가판대에서 점심을 먹는 500명 정도의 손님을 위해 준비합니다. 영업은 눈이 오나 비가 오나 계속됩니다. 다들 맛있는 점심을 먹기 위해 줄을 서는 것도 마다하지 않습니다. 박스마다 풍부한 맛과 만족스러운 식감의 샐러드 네 가지가 들어갑니다. 맛 좋은 단백질원 육류, 생선, 치즈가 꼭 들어가 오후 내내 견딜 힘을 줍니다.

물론 단백질과 비타민이 풍부한 우리의 음식이 건강식을 추구하는 분들에게만 사랑받는 건 아닙니다. 평범한 샐러드나 샌드위치에 질려서 다채로운 레시피의 새비지 샐러드를 찾는 분들이나, 맛있으면서도 새로운 음식을 찾는 분들도 즐겨 먹습니다. 그 새로움에는 다비드와 제 문화적 배경도 한몫을 더하고 있습니다.

다비드는 미식으로 유명한 이탈리아의 나폴리 출신입니다. 어렸을 때 투스카니 지방으로 이사했지만, 부모님은 여전히 나폴리의 전통 요리를 아끼고 사랑했습니다. 다비드는 그런 부모님 밑에서 음식을 배우며 자랐지요. 매일 오랜 시간 어머니와 할머니를 도와 음식을 준비했고, 되도록 신선한 재료에 손을 적게 댄 것이 최고의 요리라는 것을 배웠습니다. 다비드는 영어를 배우기 위해 2001년에 런던에 왔고, 레스토랑에서 일하면서 음식과 세계 여러 나라의 요리법에 대해 열정을 키웠습니다. 대부분의 요리사들이 그렇듯 다비드 역시 주방 보조부터 시작했고, 결국 헤드 셰프 자리에 오르게 되었습니다.

저는 창의적인 음식 문화를 가진 스웨덴에서 자랐습니다. 제 부모님은 지역에서 난 재료와 직접 기른 채소로 요리하는 것에 자부심이 큰 분들입니다. 스웨덴에서 흔히 그렇듯, 숲에서 버섯과 열매를 따고 낚시해온 것으로 식사를 만들거나, 심어놓은 감자나 뿌리채소를 캐서 요리하는 것이 일상이었습니다. 10대 후반에 더블린으로 이주한 저는 레스토랑에서 일하다가 런던으로 왔습니다. 주방과 홀에서 10년을 일한 지금, 맛있고 건강한 음식에 대한 관심이 어느 때보다도 커졌습니다.

2011년 런던의 한 레스토랑에서 만난 저와 다비드는 서로 같은 꿈을 꾸고 있었습니다. 우리만의 비즈니스를 운영하는 것이었지요. 맛을 실험하거나 사람들에게 건강한 음식을 먹이고 싶은 공통된 열망이 있었습니다.

그리하여 새비지 샐러드는 버터밀크 반죽에 튀긴 치킨, 훈제 갈비를 감자튀김에 곁들여 내는 가판대에서 건강한 음식의 표본으로 자리 잡았습니다. 채식하지 않는 사람도 새비지 샐러드를 많이 찾습니다. 우리는 배부르고 영양가 있는 음식을 먹고 싶지만, 감자구이나 샌드위치에 질린 사람들에게 새롭고 신선하게 다가갔습니다.

이제 이 맛있는 레시피를 소호 거리를 넘어 건강과 맛 모두를 원하는 분들 모두에게 전하고자 합니다. 쉽고 간단한 '새비지 샐러드'와 함께해보실래요?

EAN CAFE
lat white.
SAVAGE SALADS

SAVAGE

SPRING

봄

봄에는 가볍고 신선한 샐러드를 먹습니다. 생명이 다시 활기를
찾는 계절인 만큼, 나무와 꽃이 만발하고 완두콩과 래디쉬,
아스파라거스 같은 형형색색의 아삭아삭한 채소가 최상의
품질로 수확을 기다립니다.

맛과 영양이 가득한 이 시기에는 조리나 손질이 과하지 않아도
괜찮습니다. 재료를 생으로 쓰거나 짧게 데치는 정도로
준비하여 제철의 향과 색감, 영양을 듬뿍 느껴보세요.

하지만 채소 몇 가지를 접시에 올리는 것이 다가 아닙니다.
든든한 식사가 되려면 채소의 다채로운 조합과 함께
조화로운 곡물을 더하고, 육류 혹은 생선으로 부족한
부분을 채워주어야 합니다. 조리 방법은 복잡하지
않으니까 여러 가지 맛을 실험해보세요.

'SPRING 봄'에 소개하는 레시피 중에는 칼로리가 아주 낮은
슈퍼라이트 샐러드부터 저녁 식사로도 손색없이 배부른
샐러드까지 다양하답니다. 밝게 생동하는 계절을 맞아 상쾌한
봄 내음을 나누어 드립니다.

5분 샐러드

FIVE MINUTE SALAD

브로콜리

자몽

물냉이

아몬드 슬라이스

페타 치즈

민트

브로콜리 200g을 끓는 소금물에 3분 데친다.
흐르는 찬물에 식히고 물기를 뺀다. 페타 치즈 200g
을 잘게 부수고 자몽 1개의 껍질을 제거한다. 작은
칼로 흰 속껍질 사이사이를 바깥쪽에서 안쪽으로
도려내며 발라낸다. 물냉이 200g, 얇게 저민 아몬드
슬라이스 50g과 섞는다. 드레싱으로 화이트와인
식초 15ml, 민트잎 10장, 소금 한 꼬집, 엑스트라
버진 올리브유 30ml를 섞어 샐러드에 뿌린다.

아스파라거스와 수란 노른자 샐러드

ASPARAGUS, POACHED EGG YOLK, RADISH, PECORINO, SPECK

봄에는 부드러운 아스파라거스가 제철입니다. 이 레시피는 아스파라거스를 쪄서 아삭함을 살리고, 수란으로 만든 부드러운 달걀노른자가 드레싱 역할을 합니다. 스펙과 페코리노 치즈로 짭짤한 맛을 더하죠. 브런치나 점심으로 부족함이 없습니다.

- 껍질을 제거한 이탈리아산 스펙 (훈제 생햄) 150g
- 페코리노 치즈 100g
- 아스파라거스 12개
- 달걀 12개
- 식용유 15ml
- 레드 래디쉬 150g
- 화이트와인 식초 15ml
- 엑스트라 버진 올리브유 30ml
- 소금과 갓 갈아낸 후추

4인분

스펙과 페코리노 치즈는 꼭 상온으로 준비하셔야 재료 본연의 맛을 극대화할 수 있다.

아스파라거스는 밑동에서 2.5~5cm 잘라 다듬고(줄기를 꺾었을 때 자연스럽게 부러지는 부분) 끓는 물 위에 올린 찜기에 넣어 부드러워질 때까지 4분가량 찐다.

수란 노른자를 만들기 위해 작은 팬에 물을 끓인다. 달걀은 흰자와 노른자를 분리하고 노른자를 숟가락 위에 조심스럽게 올린다. 물속에 숟가락을 담그고 노른자의 표면만 단단하게 변하도록 2분가량 익힌다. 구멍 뚫린 숟가락으로 조심스럽게 팬에서 꺼내 샐러드가 완성될 때까지 따뜻한 곳에 둔다.

식용유를 팬에 두르고 중불에 달군다. 스펙을 5mm 간격으로 다지고 뜨거운 팬에 바삭해질 때까지 1~2분가량 볶는다. 익힌 스펙을 큰 볼에 얇게 썬 래디쉬와 함께 넣어둔다. 래디쉬를 썰 때는 채칼이 유용하다.

아스파라거스를 크게 썰어 볼에 넣고 식초와 올리브유를 섞어 드레싱으로 올린다. 소금과 후추로 기호에 맞춰 간을 하고 접시에 낸다. 페코리노 치즈를 위에 얇게 갈아 올리고 따뜻한 수란 노른자를 얹어 완성한다.

우둔살 스테이크 샐러드

GRILLED RUMP STEAK, DAIKON, WATERCRESS, CARROTS, SESAME SEEDS, SESAME OIL

우둔살 부위는 저렴하면서도 맛있습니다. 쇠고기가 자칫 무거울 수 있기에 아삭하고 건강에 좋은 채소를 더했습니다. 탄수화물 함량이 낮으면서도 든든한 한 끼가 되지요. 참기름과 참깨로 아시아 음식 특유의 고소한 풍미를 더해주세요.

- 우둔살 250~300g
- 조리용 올리브유
- 소금과 갓 갈아낸 후추
- 당근 큰 것 2개
- 무 1개
- 물냉이 160g
- 참깨 40g
- 레몬즙 1개분
- 참기름 약간

4인분

추천 드레싱
물냉이 마요네즈 175p 참조

코팅된 프라이팬을 뜨겁게 달군다. 고기에 소금과 후추로 밑간하고 올리브유를 뿌린 뒤, 팬에 올려 한 면이 갈색으로 익을 때까지 옮기지 않은 채 굽는다.

고기를 뒤집어 2분 더 구운 후 불을 끄고 레스팅한다.

당근과 무는 껍질을 벗기고 채칼을 이용해 얇게 슬라이스한다. 볼에 담아 물냉이, 참깨, 레몬즙, 참기름을 넣어 섞는다.

접시에 담아내고 스테이크를 썰어 샐러드 위에 올려 완성한다.

레몬솔 가자미 샐러드

LEMON SOLE, ROCKET, KALAMATA OLIVES, SPELT, GARLIC CROUTONS, CHERRY TOMATOES

레몬솔 가자미는 아주 부드럽고 맛있는 생선입니다. 뼈째로 굽는 것이 가장 좋으며 익힌 뒤에는 살을 바르기 쉬워 샐러드에 올리기 좋죠. 담백한 생선인 만큼 스펠트와 크루통을 넣어 포만감을 더했습니다. 글루텐 없는 요리를 만들려면 퀴노아로 대체하세요.

- 스펠트 밀 200g
- 식빵 200g
- 마늘 1통
- 엑스트라 버진 올리브유
- 레몬솔 가자미 400g 2미(껍질째)
- 레몬 1개분의 제스트와 레몬즙
- 타임 1다발
- 방울토마토 700g
- 칼라마타 올리브 150g
- 루콜라 100g
- 소금과 갓 갈아낸 후추

4인분

추천 드레싱

시트러스 드레싱 172p 참조

오븐을 150°C로 예열한다.

스펠트는 볼에 물과 함께 담아 하룻밤 불리고 다음날 체에 받쳐 물기를 뺀다. 불릴 필요 없는 스펠트로 대체 가능하다.

빵을 동일한 크기로 깍뚝썰어 베이킹팬에 올리고 다진 마늘과 올리브유를 두르고 소금을 한 꼬집 뿌린다. 팬을 뜨겁게 예열된 오븐 가운데에 넣고 빵이 노릇하고 바삭해질 때까지 1시간 동안 구운 뒤 오븐에서 꺼내 식힌다.

그릴을 최대치로 예열하고 베이킹 팬에 종이 호일을 깐다.

생선을 팬에 올리고 소금, 후추, 레몬 제스트, 타임으로 밑간한다. 생선 위에 올리브유를 뿌리고 예열 된 그릴에 완전히 익을 때까지 20분간 굽는다. 꺼내서 식히고 덩어리로 자른다.

물기를 뺀 스펠트를 물 300ml와 냄비에 담는다. 중불에 뚜껑을 덮어 15~20분간 물기가 증발하고 알갱이가 부드러워질 때까지 끓인다.

토마토 샐러드 준비를 위해 방울토마토를 반으로 잘라 큰 볼에 넣는다. 올리브를 크게 자르고 씨앗을 제거한 뒤 토마토와 함께 볼에 담는다. 루콜라, 크루통, 스펠트도 함께 넣고 레몬즙을 두르고 소금 약간, 엑스트라 버진 올리브유를 넉넉히 뿌린다.

샐러드를 섞고 접시에 나눠 담는다. 레몬솔 가자미를 올리고 레몬 조각을 곁들여 완성한다.

세 가지 콩 샐러드

GREEN BEANS, PEAS,BROAD BEANS, RUNNER BEANS, HAZELNUTS,SOY SAUCE

봄에 가장 맛있는 제철 채소로 만든 이 샐러드도 아시아 요리에서 영감을 받았습니다. 콩은 끓는 물에 2분 정도만 데쳐 부드러우면서도 아삭함을 살려보세요. 초록의 싱그러움으로 봄을 즐기기에 제격입니다.

- 깐 생완두콩 100g
- 껍질콩 100g
- 깍지콩 100g
- 깐 누에콩 100g
- 양조간장 1큰술
- 레몬즙 1개분
- 참기름 1작은술
- 으깬 헤이즐넛 50g

4인분

요리에 쓰일 깐 콩 100g, 껍질째로는 300g을 준비한다. 생으로 준비할 경우 누에콩에도 같은 기준이 적용된다. 통째로 구입할 경우 중량이 3배는 되어야 손질 후에도 모자라지 않다.

껍질콩, 깍지콩은 양 끝을 다듬는다. 채소용 껍질 깎기나 날카로운 과도로 깍지콩의 섬유질 부분을 제거한다.

누에콩을 끓는 물에 2~3분 데친 뒤 흐르는 찬물에 식혀 껍질을 벗겨 준비한다. 깍지콩을 가로로 5mm가량으로 얇게 자르고, 껍질콩은 반으로 자른다.

완두콩, 껍질콩, 깍지콩을 함께 팬에 넣고 소금물에 3분 데친다. 체에 받쳐 물기를 뺀다.

간장과 레몬즙, 참기름을 큰 볼에 넣고 섞는다. 완두콩과 껍질콩, 누에콩, 깍지콩, 헤이즐넛을 볼에 넣고 잘 섞어 접시에 낸다.

익힌 재료를 찬물에 식혀 물기를 빼서 만든 콜드 샐러드로도 훌륭하다.

머스터드 돼지 안심 샐러드

MUSTARD MARINATEDPORK FILLET, COUSCOUS, CARAMELISED GRAPES,RADICCHIO, CRACKLING, CORIANDER

돼지 안심은 돼지고기 중 가장 좋은 부위이지만 비싸지 않습니다.
온도계로 측정해서 제대로 익히면 연하고 부드러우며 전혀 기름지지 않죠.
쿠스쿠스를 베이스로 상큼하고 가볍게 지중해 느낌을 주고, 조린 포도로
촉촉함을 더합니다.

- 돼지 안심 2덩이(약 750g)
- 타임 ½다발
- 홀그레인 머스터드 4큰술
- 엑스트라 버진 올리브유
- 레몬 1개분의 제스트와 레몬즙
- 돼지 껍질 150g
- 쿠스쿠스 500g
- 마늘 2쪽
- 잎만 다진 고수 1다발
- 버터 1큰술
- 적/백포도 200g
- 라디키오 ½개
- 소금과 갓 갈아낸 후추

4인분

추천 드레싱
홀그레인 머스터드 드레싱 168p 참조

안심 겉 부분의 지방과 조직은 질긴 편이므로 제거하는 것이 좋다. 돼지고기를 낮은 볼에 담는다.

타임을 곱게 다지고 머스터드, 소금, 후추, 올리브유, 레몬즙 반 분량을 섞는다. 양념을 돼지고기에 붓고 비닐 팩에 밀봉하여 2시간가량 냉장고에 보관한다.

오븐을 150℃로 예열한다. 돼지 껍질을 말아 5mm 굵기로 자른 뒤 오븐용 팬에 넣고 바삭하게 굽는다.

쿠스쿠스를 볼에 넣고 마늘을 잘게 썬다. 작은 프라이팬을 약불에 올리고 올리브유를 둘러 달군다. 마늘을 넣어 10분가량 부드럽게 익힌다. 마늘을 쿠스쿠스가 담긴 볼에 넣고 남은 레몬즙, 레몬 제스트, 소금을 뿌린 뒤 쿠스쿠스에 양념이 잘 배도록 섞는다. 퍽퍽할 경우 올리브유를 추가한다. 잘게 썬 고수를 넣고 끓는 물을 쿠스쿠스가 잠길 정도로만 부어 느슨하게 뚜껑을 덮는다. 20분간 부드럽게 익도록 둔다.

약불에 팬을 달군다. 버터 1큰술을 넣고 녹으면 포도를 더한다. 가끔씩 저어가며 캐러멜화될 때까지 15분간 익힌다.

오븐을 200°C로 예열한다. 비닐팩에서 돼지고기를 꺼내고, 탈 위험이 있으니 팬에 넣기 전에 양념을 살짝 제거한다.

코팅 프라이팬에 올리브유를 약간 두르고 데운 후 돼지고기를 넣어 돌려가며 지진다. 모든 면이 갈색으로 익으면 오븐에 넣는다. 미디움은 10~15분, 웰던은 20~25분 익히면 완성된다. 최상의 결과를 얻으려면 고기 전용 온도계를 사용한다. 고기 안쪽이 60°C에 도달하면 완성된다. 고기가 익은 뒤 오븐에서 꺼내 5~10분가량 레스팅한다.

포크로 쿠스쿠스를 뒤섞어 곡물 사이에 볼륨을 준다. 간을 보아 필요한 경우 간을 더한다.

쿠스쿠스, 라디키오, 포도를 접시에 놓고 잘 섞는다.
돼지고기를 2.5cm 정도 두께로 썰어 쿠스쿠스 위에 올리고
5mm로 잘라 오븐에 구운 돼지 껍질을 그 위에 뿌린다.
홀그레인 머스터드 드레싱과 함께 낸다.

* **쿠스쿠스**

북아프리카 지역에서 쪄 먹는 좁쌀 모양의 파스타. 건조 파스타를 만드는 듀럼 밀의 배아를 굵게 간 세몰라로 만든다.

치즈 누디 샐러드

RICOTTA AND PARMESANGNUDI, NETTLES, SPINACH, PINE NUTS,RED AMARANTH LEAVES

누디는 투스카니식 만두로, 라비올리 소를 일컫는 말이기도 합니다.
그 자체로 삶거나 세몰리나 밀가루 반죽 속에 넣어 노릇하게 튀겨 먹으며,
샐러드에도 다양하게 활용하죠. 쐐기풀은 약초이면서 요리하기도 좋은
허브입니다. 페스토, 퓨레, 수프를 만들거나 볶아 먹기에도 좋습니다.
시금치와 비슷한 맛이 나지만 단백질과 섬유질이 훨씬 풍부해요.
아마란스 잎에 더하면 구수한 샐러드가 됩니다.

- 리코타 치즈 400g
- 고운 세몰리나 밀가루 250g
- 파마산 치즈 40g
- 육두구 가루 1작은술
- 달걀노른자 1개
- 쐐기풀 50g
- 시금치 400g
- 엑스트라 버진 올리브유 1큰술
- 구운 잣 50g
- 레드 아마란스* 50g
- 소금과 갓 갈아낸 후추

2~3인분

추천 드레싱
바질향 오일 176p

리코타 치즈를 면포에 감싸고 꽉 모아 고무줄로 묶는다.
면포를 체에 받쳐 볼에 넣고 4~6시간 냉장고에 둔다. 치즈의
물기를 제거하기 위한 과정이므로 물이 떨어지도록 꽉 묶도록
한다.

세몰리나 밀가루를 큰 쟁반에 뿌린다. 리코타 치즈가
준비되면 면포에서 꺼내 볼에 넣고 파마산 치즈, 육두구, 달걀
노른자를 넣어 함께 뒤섞는다. 소금과 후추로 간한다.

손을 살짝 적신 후 세몰리나 밀가루를 묻혀 리코타 치즈가 손에
달라붙지 않도록 한다. 큰 숟가락을 사용하여 재빨리 치즈를
동그랗게 퍼서 손으로 굴린 후 세몰리나 밀가루에 굴린다. 다시
손 안에 굴려 표면이 매끄러워지면 또다시 세몰리나 밀가루에
굴려 표면이 덮이도록 한다. 같은 방법으로 리코타 치즈 볼을 계속
만든다.

치즈 볼이 완성되면 깨끗한 쟁반에 옮겨 아무것도 덮지 않은 채
냉장고에 하룻밤 보관한다.

다음 날, 쐐기풀잎을 큰 팬에 넣고 끓는 물에 30초 정도 데쳐
따끔함을 없앤다. 체에 받쳐 물기를 빼고 코팅 프라이팬으로
옮겨 약불에 올린다. 시금치와 엑스트라 버진 올리브유를
추가하고 시금치 숨이 죽을 때까지 1~2분 볶아낸다.

치즈 볼로 만든 누디를 두세 번에 걸쳐 큰 팬에 넣고 수면
위로 떠오를 때까지 2분 정도 끓인다. 체에 받쳐 물기를 뺀다.

따뜻하게 익힌 채소를 접시에 나누어 담고 누디와 잣, 레드
아마란스 잎을 그 위에 올린다. 올리브유 또는 바질향 오일을 위에
뿌려 완성한다.

* **아마란스**

아마란스는 슈퍼곡물 중 하나로 항암효과가
뛰어나 항암초라고도 불린다.

농어 해산물 샐러드

SEA BASS, CLAMS,PRAWNS, SEAWEED, CHILLI, GINGER, GARLIC, CUCUMBER

이 샐러드는 카르토초라는 이탈리아 요리 기법(호일이나 종이를 이용한 찜)에 아시아 요리의 풍미를 더합니다. 호일 안에서 익히면 요리의 맛과 수분이 그대로 유지되고 기름도 적게 사용하여 훨씬 건강합니다.

- 껍질 벗겨 얇게 썬 생강 100g
- 농어 필레 2덩이(각 700g)
- 다진 마늘 2쪽
- 참기름 1큰술
- 조개 200g
- 껍질 벗겨 손질한 대하/새우 200g
- 4등분한 레몬 1개
- 고수 30g
- 김 4장
- 청주 100ml
- 오이 1개
- 소금과 갓 갈아낸 후추

4인분

추천 드레싱

생강과 참깨 드레싱 179p 참조

오븐을 200°C로 예열한다.

넓은 호일(두꺼운 종이 호일을 사용해도 무방)을 2장 준비하고 생강 슬라이스는 각 호일의 한쪽에, 나머지 재료는 오이를 제외하고 양분하여 올린다.

호일 가운데로 재료를 몰고, 김을 잘게 부숴 올린다. 새우와 조개 위에 생선을 얹고 소금과 후추로 간한 뒤 가장자리를 접어 소포 모양으로 만든다.

끝부분을 마무리하기 전에 청주, 참기름(꾸러미 당 절반씩), 레몬 조각을 넣는다. 재료 윗부분에 공간을 남겨 찜이 되도록 한 뒤 가장자리를 마저 접어 마무리한다. 꾸러미는 가열되면서 팽창한다. 뜨거운 오븐에 조심스럽게 옮긴 뒤 15분간 익힌다.

오이를 짧고 얇은 슬라이스로 썰어 접시에 나눈다.

요리가 끝나면 호일 꾸러미를 오븐에서 꺼내 접시에 하나씩 올린다. 직접 호일을 열어 내용물을 오이와 함께 섞어 먹는다.

병아리콩 뇨끼 샐러드

CHICKPEA GNOCCHI, FENNEL SAUSAGE, PURPLE SPROUTING, BROCCOLI, SUNDRIED TOMATO, GARLIC CRESS

뇨끼는 다비드가 어렸을 때부터 만드는 것도, 먹는 것도 가장 좋아해온 요리입니다. 할머니로부터 감자와 밀가루를 쓰는 정통 이탈리아 레시피를 전수받았죠. 이 레시피에서는 밀가루를 병아리콩으로 만든 베산으로 대체했습니다. 뇨끼에 고소함을 더하기도 하고, 글루텐을 피하고 싶은 분들을 위한 방법이에요.

- 루가네가 소시지 300g
- 올리브유 4큰술
- 화이트와인 300ml
- 킹 에드워드 등 전분 함유량이 높은 감자 껍질째 900g
- 베산 600g
- 간 파마산 치즈 50g
- 육두구 가루 1작은술
- 달걀 1개
- 자색 브로콜리 300g
- 시금치 200g
- 레몬 1개분의 제스트와 레몬즙
- 오일에 절인 썬드라이 토마토 150g
- 소금과 갓 갈아낸 후추
- 갈릭 크레스® 혹은 큰다닥냉이 한 다발

4인분

소시지를 7.5cm 두께로 썬다.

올리브유 1큰술을 중불에 올린 프라이팬에 두르고 소시지가 골고루 익을 때까지 5~8분 볶는다. 와인을 붓고 약불로 줄여 가끔씩 저어주면서 와인이 날아갈 때까지 15분간 익힌다. 불에서 내려 식힌다.

감자를 큰 팬에 소금물과 넣고 삶는다. 물이 끓기 시작하면 불을 줄여 잘 드는 칼이 푹 들어갈 때까지 30~45분가량 익힌다.

감자를 꺼내 물기를 빼고 다루기 좋을 때까지 식힌 뒤 껍질을 제거한다.

감자를 라이서에 넣어 깨끗한 작업대 표면에 내린다. 밀가루를 감자 위로 체쳐 내리고, 소금, 파마산 치즈, 육두구를 뿌린 뒤 가운데에 달걀을 깨 넣는다. 손으로 모든 재료를 섞어 둥근 구 형태로 만든다. 손바닥만한 크기로 잘라 소시지 모양으로 만든다. 굴리는 손을 서서히 서로 멀어지도록 하면서 길게 늘린다. 완성된 뇨끼 반죽의 지름이 약 1cm 정도가 되도록 만든다.

반죽 스크레이퍼나 큰 칼을 이용하여 뇨끼를 1cm 두께로 썬다. 자른 직후 칼을 위쪽으로 튕겨 반죽이 작업대에 붙지 않도록 한다. 뇨끼가 모두 완성되면 소금물을 큰 팬에 끓인다. 뇨끼를 넣고 수면에 떠오를 때까지 2분가량 삶는다. 구멍 뚫린 국자로 건지고 물기를 뺀 후 올리브유 1큰술을 두른다.

소시지의 껍질을 벗겨 버린 후 고기를 작은 너겟 형태로 나눠 옆에 둔다.

브로콜리를 큰 팬에 2분간 데쳐둔다. 다른 팬에 시금치를 올리브유 1큰술과 함께 숨 죽을 때까지 볶고, 브로콜리를 넣은 뒤 소금과 후추, 레몬즙으로 간한다.

썬드라이 토마토를 크게 썰어 옆에 둔다.

남은 올리브유를 크고 무거운 프라이팬에 중불로 달구고, 뇨끼를 필요에 따라 2~3번 나눠 소시지와 함께 넣고 노릇한 색이 나올 때까지 익힌다. 다 익으면 꺼내서 키친타월 위에 얹는다. 브로콜리와 시금치를 접시에 담아내고, 뇨끼와 소시지를 위에 올린다. 토마토와 갈릭 크레스를 얹고 레몬 제스트를 접시마다 갈아 올려 마무리한다.

* **갈릭 크레스**

갈릭 크레스는 마늘과 겨자 향을 내는 샐러드 채소로 잎과 꽃을 사용한다. 무순으로 대체한다.

연어 콩피와 껍질콩 샐러드

CONFIT SALMON, GREEN BEANS, MANGE TOUT, PINK GRAPEFRUIT, POPPY SEEDS

콩피는 프랑스어로 고기 자체의 지방으로 서서히 익힌 요리를 뜻합니다. 주로 오리를 요리할 때 쓰이는 방법인데, 이 요리에서는 연어를 올리브유와 식용유에 익힙니다. 연어를 부드럽고 촉촉하게 익혀주고 각종 허브와 레몬이 오일에 배어 깊은 향을 더해주죠.

- 핑크자몽 2개
- 5cm 두께로 가시와 껍질을 제거한 연어 필레 4토막
- 양 끝을 다듬은 껍질콩 200g
- 깍지완두 200g
- 퍼피시드® 약간
- 엑스트라 버진 올리브유 100ml
- 레몬즙 ½개분
- 식용유 500ml
- 소금과 갓 갈아낸 후추

콩피 오일 재료

- 올리브유 500ml
- 월계수 잎 1장
- 타임 1가지
- 으깬 마늘 2쪽
- 레몬 껍질 간 것 1개분

4인분

추천 드레싱

레몬과 딜 드레싱 164p 참조

베이킹지를 올린 작은 오븐용 그릇을 준비한다. 콩피 오일을 만들기 위해 정제 올리브유를 허브, 마늘, 레몬 껍질과 함께 작은 접시에 넣는다. 연어가 통째로 잠길 정도로 깊어야 한다. 뚜껑을 덮어 상온에 2시간 두고 향이 오일에 배도록 한다.

오븐을 120°C로 예열한다.

날카로운 과도로 자몽 껍질을 벗긴다. 위에서 아래로 벗기며 껍질과 가운데 심까지 모두 제거한다. 흰 속껍질 사이사이를 바깥쪽에서 안쪽으로 도려내며 발라낸다. 막 없이 속살만 남긴다.

연어 필레를 허브 섞인 올리브유에 넣고, 그릇을 예열된 오븐에 넣어 20~25분가량 익힌다.

팬에 물을 끓이고 소금과 껍질콩을 넣어 3분가량 익힌다. 깍지완두를 추가하여 2분 더 익히고 물기를 체에 거른다. 콩과 깍지완두를 흐르는 찬물에 헹구고 다시 물기를 뺀다. 체에 받쳐 계속해서 물기가 빠지도록 두고 나머지 요리를 완성한다.

20분간 익힌 연어 필레의 가운데를 잘 드는 칼로 찔러 익은 정도를 확인한다. 반투명에서 불투명으로 막 바뀌는 상태로, 일반적인 미디움 레어 스테이크와 비슷한 색이어야 한다. 연어가 아직 이 상태가 아닐 경우 다시 오븐에 넣고 5분간 더 익힌 뒤 한 번 더 확인한다.

연어를 집게로 뜨거운 기름에서 꺼내고 식힘망에 얹어 잔여 오일이 떨어지도록 한다.

물기를 제거한 깍지완두와 콩을 샐러드 볼에 넣고 자몽, 퍼피시드와 함께 섞는다. 엑스트라 버진 올리브유와 레몬즙을 추가하고 소금과 후추로 간한다.

샐러드를 접시에 담아내고, 연어 콩피를 나눠 올린다. 연어 살을 으깨 섞어도 좋다.

퍼피시드(Poppy Seed)

양귀비의 씨앗으로 고소한 견과류 맛을 내어 베이킹이나 샐러드에 주로 사용한다.

토끼고기와 리크 샐러드

RABBIT AND LEEK, TERRINE, GREEN TOMATO CHUTNEY, FRISEE

테린을 처음부터 직접 만드는 것은 어려워 보이지만, 모든 재료를 일일이 따로 층 내는 대신 한 번에 익혀 굳히는 방법이 있습니다. 토끼 다리 고기를 쓰면 삶을 때 뼈에 있는 천연 젤라틴이 나와 테린을 굳히기 좋습니다.

처트니 재료

- 무스코바도 설탕 150g
- 화이트와인 식초 150ml
- 잘게 다진 양파 1개
- 잘게 다진 마늘 1쪽
- 타임 1가지
- 건포도 100g
- 그린 토마토 500g
- 소금과 갓 갈아낸 후추

테린 재료

- 올리브유 1큰술
- 토끼 다리 고기 4개
- 크게 자른 당근 2개
- 크게 다진 양파 1개
- 타임 1가지
- 월계수 잎 1장
- 버터 30g
- 잘게 썬 판체타 200g
- 동그랗게 썬 리크 2개
- 잘게 다진 샬롯 1개
- 잘게 다진 마늘 2쪽
- 코니숑* 100g
- 다진 타라곤* 20g
- 소금과 갓 갈아낸 후추

우선 처트니를 만든다. 설탕과 식초를 프라이팬에 녹여 거품이 나올 때까지 끓인다. 남은 재료를 넣어 한소끔 끓어오르면 약불에서 걸쭉한 처트니가 될 때까지 1시간 끓인다. 타임을 꺼내고 기호에 맞춰 간한 뒤 소독한 병에 담는다.

테린을 만들려면 우선 오븐을 180°C로 예열하고 테린 틀 옆면을 비닐 랩으로 감싼다. 테린 틀에 물을 넣어 주름을 없앤 뒤 다시 쏟아내고 키친타월로 물기를 제거한다.

올리브유 1큰술을 프라이팬에 둘러 달구고 토끼 다리 고기, 당근, 양파를 넣어 5분간 익힌다. 오븐 접시에 담아 타임과 월계수 잎을 넣고, 물을 충분히 부어 고기가 절반 정도 잠기도록 한다. 호일로 덮어 예열된 오븐에서 1시간 30분 동안 익힌다. 살코기가 뼈에서 부드럽게 떨어질 때까지 굽는다.

오븐에서 익는 동안 버터를 프라이팬에 중불로 녹인다. 다 녹으면 판체타, 리크, 샬롯, 마늘을 넣고 판체타의 지방이 모두 녹을 때까지 10분가량 볶는다. 불을 끄고 믹싱 볼에 담는다.

토끼 다리 고기가 다 익으면 오븐에서 꺼내 다룰 수 있을 정도로 식힌다. 고기를 뼈에서 발라 작은 조각으로 찢는다.

* **코니숑**
  꼬마 오이로 만든 피클

채소 재료

- 치커리 1통
- 양상추 1통
- 올리브유
- 레몬즙

4인분

고기 구운 육수에서 채소를 제외하고 팬에 담아 강불에 15~30분 동안 절반 정도의 부피로 조린다.

코니숑을 크게 썰어 옆에 둔다.

조린 육수와 토끼고기, 타라곤, 코니숑을 판체타와 샬롯 혼합물에 섞고 간을 한 뒤 비닐랩으로 안쪽으로 감싼 테린 틀에 담는다. 사각 기름종이로 위를 덮고 무거운 추를 올려 혼합물을 잘 누르도록 한다. 냉장고에 굳도록 하룻밤 동안 보관한다.

치커리는 색이 진하고 마른 잎 부분을 제거한다. 양상추를 심 부분부터 잘라 흐르는 찬물에 헹구고 물기를 뺀다. 야채 탈수기를 쓰면 편하다. 치커리와 양상추 잎을 샐러드 볼에 담고, 올리브유와 레몬즙을 기호에 맞게 뿌려 간한다. 식힌 처트니와 두껍게 자른 테린 조각을 넉넉히 얹어 낸다.

- 토끼고기는 닭고기로 대체한다.
- 타라곤은 달콤한 향으로 사랑받는 허브로, 뿌리채소와 궁합이 좋다.

노랑촉수 샐러드

RED MULLET, AMARANTH, FENNEL, BROAD BEANS, ALFALFA SPROUTS

퀴노아를 즐겨 드시는 분은 아마란스도 꼭 시도해보세요.
아마란스는 고단백 식재료로 글루텐을 함유하지 않습니다.
회향과 누에콩을 구우면 맛있는 생선에 그윽한 향을 더합니다.

- 아마란스씨 200g
- 껍질 벗긴 누에콩 150g
- 회향* 1개
- 알팔파 싹 80g
- 노랑촉수* 필레 4개
- 암염*
- 올리브유
- 레몬 1개
- 소금과 갓 갈아낸 후추

4인분

추천 드레싱
시트러스 드레싱 172p 참조

* **회향**
미나리과 식물로 육류나 생선 요리에 향신료로 사용한다. 이뇨작용으로 다이어트 허브라고도 불린다.

* **노랑촉수**
농어목 촉수과의 바닷물고기로 농어로 대체한다.

* **암염**
돌소금으로 불리며, 소금으로 대체한다.

아마란스를 냄비에 넣고 물을 붓는다. 중약불에 물이 졸아들고 아마란스가 부드러워질 때까지 끓인다. 불을 끄고 10분가량 식힌다.

누에콩 껍질을 쉽게 까려면 끓는 물에 1분 데치고 체에 밭친 뒤 흐르는 찬물에 헹군다. 손가락으로 똑 끊으면 콩이 껍질에서 쏙 빠진다.

중불에 팬을 달군다. 회향 밑동의 줄기를 잘라내고 결 반대로 썰면서 뿌리 부분을 제거한다. 예열된 프라이팬에 썬 회향을 넣고 2분가량 볶아 색을 낸다. 불을 끄고 옆에 둔다.

익힌 아마란스, 누에콩, 회향과 알팔파 싹을 큰 볼에 담는다. 알팔파 싹이 뭉친 경우 손끝으로 떼어낸다.

코팅 프라이팬을 예열한다. 생선에 암염으로 충분히 간하고, 올리브유를 넉넉히 뿌린 뒤 껍질을 아래쪽으로 하여 예열된 팬에 올린다. 필요할 경우 두 번에 나눠 요리한다. 가장자리가 바삭하게 될 때까지 2분 익히고 팬을 예열된 오븐에 넣어 6~8분 익힌다.

생선이 익는 동안 샐러드 재료를 소금과 후추로 간하고 엑스트라 버진 올리브유를 살짝 뿌린 뒤, 레몬 반 개에서 즙을 내 잘 섞는다. 접시에 예쁘게 담아내고 생선 필레를 하나씩 껍질 쪽이 위로 가도록 얹는다. 남은 레몬 반 개를 잘라 조각으로 곁들인다.

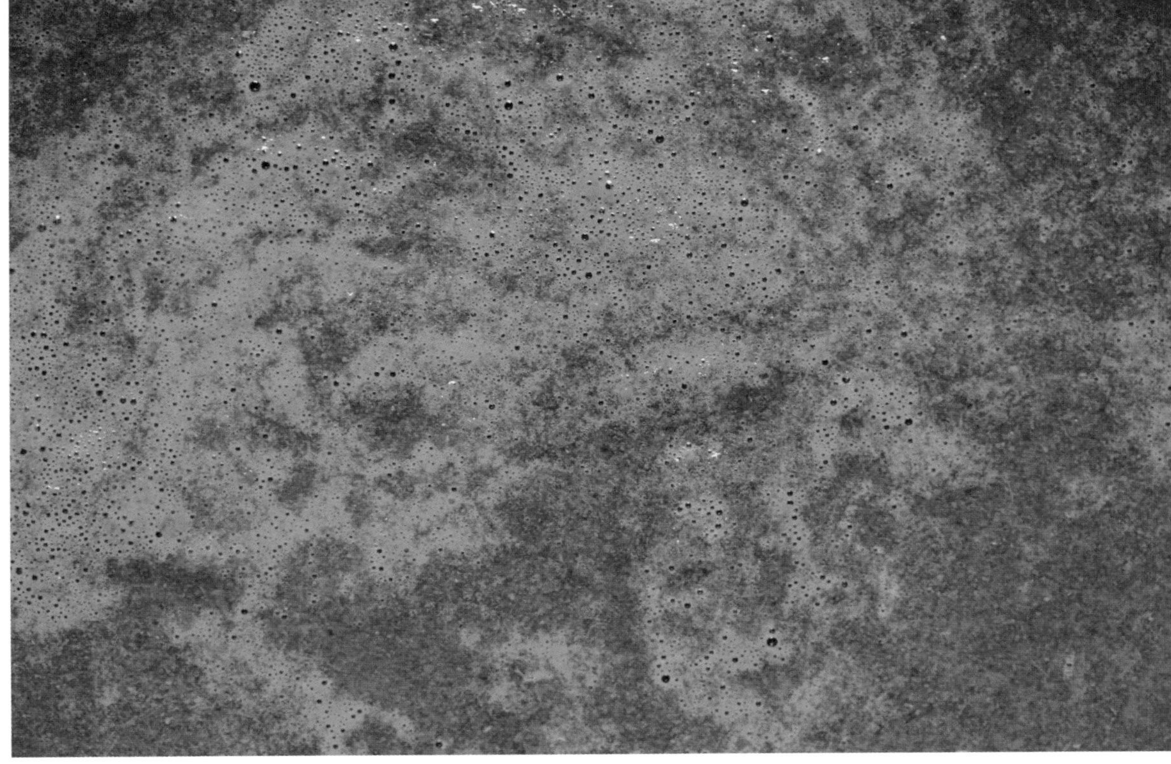

+SOUP

물냉이 냉수프

CHILLED WATERCRESS SOUP

건강과 영양, 저칼로리까지 모두 잡은 샐러드입니다.
물냉이가 한창 제철인 봄에 먹기 딱 좋지요. 더 크리미한 수프를 원한다면 크렘 프레슈(우유에서 지방분을 빼낸 크림으로 서양요리에 생크림과 사워크림 대용으로 쓰인다)를 토핑으로 살짝 올려주면 됩니다.

- 올리브유 2큰술
- 잘게 다진 양파 큰 것 1개
- 감자 작은 것
- 물냉이 400g
- 천일염

4인분

올리브유를 팬에 두르고 약불에 달군다. 양파를 2분가량 볶아 수분을 낸다. 감자를 넣고 천일염을 충분히 뿌린 다음, 뚜껑을 덮어 10분 동안 약불에 서서히 익힌다.

물 500ml를 더해 강불에 끓이다가 불을 줄여 12분 더 끓여 감자가 부드러울 때까지 삶는다.

삶은 감자를 믹서에 넣고 물냉이와 함께 곱게 간다. 기호에 따라 천일염으로 간하고 바닥이 넓은 용기에 넣어 먹기 전까지 식힌다.

SUMMER

여름

런던의 여름은 굉장히 반가운 계절입니다. 따뜻한 햇살이 비추고 시장은 왁자지껄한 분위기가 가득하며, 제철 재료들이 싱싱하고 풍성하기에 샐러드를 만들기에도 최적이지요.

근처의 시장이나 마트에 가면 싱그럽게 잘 익은 농산물을 구할 수 있습니다. 오이나 주키니, 가지 같은 여름 채소부터 과즙 가득한 복숭아, 무화과 등 과일까지 한창 물오른 식재료를 찾아보세요. 텃밭에 채소를 기르는 분들은 드디어 노력이 결실을 맺는 시기이기도 합니다.

샐러드에 달콤함을 더하기에도 좋아요. 석류나 망고 등을 넣으면 출근이 귀찮은 월요일 아침도 휴일 같은 기분으로 즐길 수 있습니다. 군침 도는 대하부터 주키니, 망고, 칠리가 들어간 피타(76p)로 이국적인 맛을 느껴보세요. 주말에는 친구들과 함께 양고기 커틀릿 바비큐와 구운 가지, 피망, 민트 요거트를 곁들여 성대한 파티를 열어도 좋습니다(84p).

5분 샐러드

FIVE MINUTE SALAD

회향 밑동

주키니

셀러리

민트

레몬

회향 밑동 한 개에서 심을 제거하고 아주 얇게 썬다. 주키니를 길고 얇게 자른다. 셀러리 한 대의 껍질을 제거하고 5mm 간격으로 자른다. 민트 몇 잎과 뒤섞는다. 드레싱으로는 레몬 반 개 분량의 즙과 올리브유, 소금 한 꼬집을 섞어 뿌린다.

살구 복숭아 하몽 샐러드

GRILLED APRICOTS AND, PEACHES, COUSCOUS, MINT, SERRANO HAM, PINE NUTS

만들기 쉽고 싱그러움 가득한 여름 요리입니다. 햄의 짭조름한 맛이 복숭아와 살구의 달콤함을 배가시키죠. 과일을 살 때는 팬에 들러붙지 않도록 너무 부드럽지 않은 것을 골라요. 이 샐러드에는 레바논식 쿠스쿠스를 더하지만 다른 종류의 쿠스쿠스를 사용해도 됩니다.

- 잣 60g
- 큰 쿠스쿠스 200g
- 익은 살구 8개
- 익은 복숭아 8개
- 식용유
- 레몬즙 ½개분
- 엑스트라 버진 올리브유
- 발사믹 식초
- 얇게 썬 하몽 세라노 160g
- 소금
- 가니시용 민트잎

4인분

추천 드레싱
발사믹 식초

잣을 10~15분가량 코팅 프라이팬에 노릇해질 때까지 뒤적이며 볶는다. 불을 끄고 옆에 둔다.

큰 냄비에 물을 충분히 넣어 소금 한 꼬집을 넣고 끓인다. 쿠스쿠스를 넣어 부드러워질 때까지 9~10분 익힌다. 물기를 따라내고 흐르는 찬물에 헹군다.

살구와 복숭아를 4등분한 크기로 자른다. 강불에 그릴 팬이나 그리들을 올린다. 반드시 팬에서 연기가 날 만큼 뜨거울 때 과일을 굽기 시작한다.

복숭아와 살구에 식용유를 발라 그릴에 붙지 않도록 한다. 과일을 그릴에 올린 뒤 붙지 않을 때까지 5분 정도 익힌다.

과일을 모두 익힌 뒤 식히고 쿠스쿠스와 잣과 함께 섞는다. 레몬즙을 짜고 엑스트라 버진 올리브유와 발사믹 식초를 뿌린 후 잘 섞는다.

접시에 모두 담아내고 하몽 세라노와 민트잎을 올려 완성한다.

연어 절임 샐러드

BEETROOT AND GIN CURED SALMON, PICKLED CUCUMBER, CRISPY RYE

스웨덴의 전통요리인 연어 그라브락스. 절이는 과정은 오래 걸리지만 요리에 쓰기에는 쉽고 빠르게 요리할 수 있는 좋은 재료가 됩니다. 비트는 연어 가장자리에 고운 보랏빛을 내고 진은 톡 쏘는 향을 더해주죠.

- 껍질 깐 비트 2뿌리
- 레몬 제스트 2개분
- 진 50ml
- 암염 120g
- 조당* 40g
- 가시를 제거한 연어 500g
- 호밀빵 4장
- 큰다닥냉이 1다발
- 오이 피클용
- 피클 양념 1작은술
- 화이트와인 식초 100ml
- 그래뉴당 30g
- 잘게 썬 딜 1작은술
- 아주 얇게 썬 오이 ½개

4인분

추천 드레싱
스웨디시 머스터드, 프렌치 머스터드

비트를 볼에 크게 갈아 넣고 레몬 제스트, 진, 암염, 조당을 더해 잘 섞는다.

비닐 랩을 깔고 연어를 껍질을 아래로 향하게 둔다. 비트 양념을 살 부분 위에 올리고 숟가락 밑 부분으로 살에 눌러 붙인다. 비닐 랩으로 생선을 꽉 감싸고 냉장고에 36시간 숙성시킨다.

먹기 2시간 전쯤 피클 양념을 작은 팬에 넣어 중불에 향이 날 때까지 5분가량 익힌다.

식초, 설탕, 소금 한 꼬집을 넣고 설탕이 녹을 때까지 잘 젓는다. 불에서 내리고 물 50ml를 넣어 식힌다. 식고 나면 잘게 썬 딜과 오이, 소금 한 꼬집을 넣고 1시간가량 둔다.

연어를 냉장고에서 꺼내 랩을 벗긴다. 비트 양념을 조심스레 덜어낸다.

남은 양념을 약하게 흐르는 물에 씻어낸다. 생선을 물에 과하게 적시지 않도록 주의한다. 키친타월로 두드려 닦아내고 얇게 자른다.

호밀빵을 접시에 나누고 오이 피클을 위에 올린 뒤, 연어와 큰다닥냉이를 올려 마무리한다.

* **조당**
정제하지 않은 설탕으로 황갈색을 띤다.

주키니 꽃 샐러드

RICOTTA AND SULTANA, STUFFED COURGETTE FLOWERS, WATERCRESS, BLACK SESAME SEEDS

이탈리아에서는 채식주의자들이 프리토 미스토(생선 튀김) 대신 즐겨 하는 요리로, 비법은 튀김 반죽과 기름 온도를 잘 맞추는 것입니다. 반죽에는 맥주를 섞거나 저칼로리용으로 탄산수를 써도 무방하죠. 이 책의 수많은 레시피 중에서도 정말 맛있습니다.

- 중력분 70g
- 옥수수 전분 30g
- 베이킹소다 약간
- 달걀 1개
- 차가운 탄산수 200ml
- 건포도 50g
- 리코타 치즈 350g
- 레몬 제스트 1개분, 레몬즙 ½개분
- 주키니 꽃 8개
- 주키니 1개
- 식용유 1큰술 및 튀김용 분량
- 흑임자 2작은술
- 엑스트라 버진 올리브유 2큰술
- 물냉이 90g
- 식용유 1큰술 및 튀김용 분량
- 소금과 갓 갈아낸 후추

4인분

추천 드레싱

시트러스 드레싱 172p 참조

우선 튀김 반죽을 만든다. 밀가루와 베이킹소다를 함께 체에 내린다. 소금과 후추를 약간 넣고 볼에 달걀, 탄산수를 넣는다. 고운 반죽이 될 때까지 재빨리 뒤섞는다(덩어리가 약간 져도 괜찮다. 과하게 휘젓는 것보다 낫다). 반죽을 덮어 냉장고에 두고 나머지 재료를 준비한다.

건포도를 끓인 물이 담긴 내열 볼에 담아 10분 두고, 체에 밭친 뒤 물기를 쥐어짠다. 리코타 치즈를 볼에 넣고 건포도, 레몬 제스트, 레몬즙 몇 방울과 소금 및 후추를 기호에 맞춰 추가한 뒤 잘 뒤섞는다.

칼로 주키니 꽃 밑동 쪽에 열십자로 금을 내어 튀기면서 빨리 익도록 한다. 주키니 꽃을 조심스레 열어 안에 건포도 믹스를 넣는다. 다시 꽃잎으로 덮어 봉오리를 접을 수 있을 정도로만 넣어준다. 꽃잎 끝을 오므려 돌려서 봉오리를 마무리한다.

큰 주키니의 양쪽 끝을 잘라내고 가로로 잘라 얇고 길게 썰어낸다. 식용유 15ml를 강불에 올린 프라이팬에 두르고 주키니 썬 것을 올려 재빨리 볶는다.

30초쯤 볶았을 때 흑임자를 넣고 2분이 넘지 않도록 볶는다.

색이 노릇해지고 잘 익으면 볼에 담아 남은 레몬즙, 엑스트라 버진 올리브유를 뿌린 뒤 간을 맞춘다. 주키니가 조금 단단해도 괜찮다. 식은 후에 부드러워진다.

깊은 튀김기 혹은 소스팬에 튀김용 식용유를 충분히 넣고 180°C로 예열한다.

냉장고에서 튀김 반죽을 꺼내 가볍게 휘저은 후 주키니 꽃을 한번에 2~3개씩 반죽에 묻힌다(튀김기 크기에 맞추어 개수를 조절한다). 뜨거운 기름에 조심스럽게 넣고 3~4분 정도 뒤집어가며 익힌다. 구멍 뚫린 쇠국자로 꺼내 키친타월에 올려 기름기가 빠지게 둔다. 꽃봉오리를 모두 튀긴다.

볶은 주키니와 물냉이를 함께 섞어 접시에 담고 주키니 꽃 튀김을 두 개씩 올린다. 소금, 후추로 간하고 흑임자를 골고루 뿌려 식탁에 낸다.

재운 닭고기와 레드 퀴노아 샐러드

MARINATED CHICKEN, ARTICHOKE, GRILLED LEMONS, RED QUINOA

런던 새비지 샐러드에서도 판매 중인 닭고기 요리 레시피.
하룻밤 양념에 재워 고기를 연하게 하지만 타임과 로즈마리 향이
입혀지는 데는 2시간이면 충분합니다.

- 타임 1다발
- 로즈마리 1다발
- 레몬 2개
- 마늘 6쪽
- 껍질과 뼈를 발라낸 닭가슴살 4개
- 아티초크 8개
- 레드 퀴노아 250g
- 루콜라 200g
- 엑스트라 버진 올리브유
- 파마산 치즈 100g
- 소금

4인분

추천 드레싱
바질과 루콜라 페스토 158p 참조

허브를 크게 썬다. 레몬 1개 껍질을 갈아 제스트를 내고 즙을 짜 두고 ¼개는 남긴다. 무겁고 넓은 칼의 옆면으로 마늘을 으깬다. 닭고기와 섞고 올리브유를 뿌려 덮은 뒤 냉장고에 2시간 보관한다.

오븐을 200℃로 예열한다. 아티초크의 단단한 잎을 제거하고 위쪽 잎 끝부분을 자른다. 줄기 껍질을 벗기고 긴 부분을 잘라 5cm가량 남긴다. 레몬즙을 단면에 골고루 바른다.

아티초크를 금속이 아닌 재질의 오븐 그릇에 넣고 올리브유를 뿌린 뒤 종이호일로 살짝 덮는다. 그릇에 물을 100ml 넣는다. 예열된 오븐에 20~25분 익힌다.

닭가슴살을 무거운 코팅 팬에 약불로 올려 뒤집어가며 노릇하고 단단해질 때까지 20분 정도 익힌다.

퀴노아를 소금을 넣은 물 400ml에 담아 끓인다. 15분 후 물이 거의 흡수되었을 때 불을 아주 약하게 줄이고 저은 뒤 뚜껑을 덮어 5분간 뜸들인다. 불을 끄고 팬에서 식도록 둔다.

남은 레몬을 ¼ 크기로 세로로 잘라 올리브유를 뿌리고 간을 맞춘 뒤 양면의 색깔이 노릇하게 될 때까지 그릴팬에 굽는다. 식게 둔다.

퀴노아, 아티초크, 루콜라, 구운 레몬을 섞는다. 엑스트라 버진 올리브유를 살짝 뿌리고, 간을 본 후 접시에 담아 파마산 치즈를 위에 뿌린다. 닭고기를 두껍게 잘라 위에 올린다.

은두자 소시지와 썬드라이 토마토 샐러드

NDUJA, BURRATA, BURNED AUBERGINES, SLOW DRIED CHERRY, TOMATOES, BASIL

이탈리아 남부의 재료로 만드는데, 군침 도는 감칠맛의 향연 그 자체입니다. 크리미한 부라타 치즈, 매콤한 은두자 소시지, 서서히 구운 방울토마토는 환상적인 조합을 자랑하죠. 은두자는 스프레드만큼 부드럽고 매콤해, 빵이나 파스타와 잘 어울립니다. 기름에 볶으면 요리의 마무리를 장식하기 좋은 매운 기름이 나와요.

- 방울토마토 500g
- 암염
- 가지 2개
- 바질 20g
- 은두자 소시지* 200g
- 부라타 모짜렐라 치즈 2덩어리
- 엑스트라 버진 올리브유 1작은술, 바질에 뿌릴 용은 따로 준비
- 소금과 갓 갈아낸 후추

4인분

오븐을 100°C로 예열하고 낮은 베이킹팬에 종이호일을 깔아둔다.

방울 토마토를 가로로 반 자른다. 꼭지 쪽으로 자르지 않도록 하여 물기가 더 많이 노출되어 빨리 건조되도록 한다. 베이킹팬에 깔린 종이호일 위에 올리고 암염과 후추로 간한다. 오븐에 2시간가량 굽는다. 수시로 확인하여 가장자리가 검어진 경우 10~20°C 정도 줄인다. 수분이 증발하면서 토마토 모양이 쭈그러들게 된다. 건조가 완료되면 상당한 부피가 줄었을 것이다. 오븐에서 꺼내 식힌다.

가지를 쿠킹호일에 두 겹 싸서 마르고 넓은 팬에 올린다. 팬에 아무것도 두르지 않고 강불에 뒤집어가며 익힌다. 호일 안쪽의 껍질은 태우고, 껍질 안쪽의 속살은 부드럽게 중심까지 익히는 것이 목표다. 전체적으로 무르게 느껴질 때 뒤집는다. 약 20분 걸린다.

* **은두자 소시지**
돼지고기에 후추, 양파, 와인 등으로 양념해 훈제한 프랑스 소시지. 후추와 페퍼론치니가 들어가 매콤한 맛이 난다. 일반 소시지로 대체해도 좋다.

팬에서 가지를 내리고 잠깐 식힌다.

바질을 얇게 썰어 큰 볼에 넣고 말린 토마토를 더한다. 소금, 후추로 간하고 올리브유를 넉넉히 뿌려 옆에 둔다.

은두자 소시지를 1cm 두께로 썬다. 올리브유를 팬에 두르고 중불로 달군 뒤, 은두자 소시지를 넣어 5분 정도 풀어질 때까지 익힌다.

가지를 접시 4개에 나눠 담는다. 부라타 모짜렐라 치즈를 찢어 조금씩 나누고 토마토를 흩뿌린 뒤 뜨거운 은두자 소시지와 익히면서 나온 국물과 기름을 함께 올린다. 다같이 식탁에 낸다.

대하구이와 주키니 슬라이스 샐러드

GRILLED PRAWNS, COURGETTE RIBBONS, MANGO, CHILLI, GRILLED PITTA

처음 런던 소호 거리에 새비지 샐러드를 열었을 때부터 만들었던 샐러드예요. 오픈 후 얼마 지나지 않았음에도 많은 사람들에게 사랑받아, '새비지 샐러드'의 길이 옳았음을 알려주었습니다. 그동안 다양하게 변주해왔지만 결국 클래식은 이 레시피입니다. 상큼하고 이국적인 향과 맛이 더운 여름날 입맛을 돋워줘요.

- 주키니 1개
- 엑스트라 버진 올리브유
- 씨를 제거해 잘게 썬 맵지 않은 레드 칠리 1개
- 잘 익은 망고 1개
- 꼬리를 유지한 채 손질된 대하 16개
- 피타 빵(흰 빵 혹은 통밀빵) 4개
- 레몬 1개분의 제스트와 레몬즙
- 소금과 갓 갈아낸 후추

4인분

추천 드레싱
코코넛 요거트 179p 참조

그릴팬 혹은 바비큐용 오븐을 예열한다.

주키니의 양쪽 끝을 자르고 얇고 길게 썬다. 소금, 후추로 간하고 올리브유를 살짝 뿌린다.

올리브유 45ml를 작은 소스팬에 넣고 아주 약한 불에 달군다. 잘게 썬 칠리를 더하고 15분 정도 살짝 볶는다.

망고를 씨앗을 빗겨가도록 잘라 껍질을 제거하고 크게 썬 뒤 옆에 둔다.

새우는 그릇에 담아 올리브유를 듬뿍 뿌리고, 소금과 후추로 간한 뒤 뜨거운 그릴이나 바비큐 오븐에 넣는다(꼬치를 이용하면 편하다). 두어 번 뒤집어 가며 색깔이 바뀌고 탱탱해질 때까지 4~6분가량 익힌다. 불에서 내리고 주키니 슬라이스도 똑같은 방법으로 3분 정도 익힌다. 주키니를 꺼낸 뒤 피타 빵을 그릴에 올려 데우고 크게 자른다.

주키니와 망고를 한 볼에 넣고 따뜻한 칠리 기름을 부어 드레싱으로 쓴다. 소금, 후추로 간한다.

샐러드를 접시에 담고 새우를 위에 올린다. 레몬즙을 뿌리고 피타 빵을 나눠 올린 뒤, 레몬 제스트를 더해 식탁에 낸다.

무화과 블루 치즈 샐러드

FIGS, BLUE CHEESE, PECANS, CRACKED, WHEAT, ROCKET

무화과는 잼이나 디저트로 많이 활용하지만 그냥 먹는 것이 가장 맛있어요. 블루 치즈의 강한 풍미와 달콤한 무화과는 궁합이 좋습니다. 블루 치즈라면 어떤 종류도 상관없지만, 돌체 라테나 고르곤졸라처럼 크리미한 치즈를 추천합니다.

- 빻은 밀* 200g
- 올리브유 1큰술
- 잘 익은 무화과 6개
- 피칸 50g
- 질 좋은 블루 치즈 120g
- 루콜라 100g
- 레몬즙 ½개분
- 엑스트라 버진 올리브유
- 소금과 갓 갈아낸 후추

4인분

추천 드레싱
클래식 프렌치 비네그레트 181p 참조

빻은 밀을 올리브유 15ml와 함께 팬에 올리고 약불에 볶는다. 물 400ml를 넣고 끓인다. 불을 낮춘 뒤 뚜껑을 덮고 15분 더 익혀 밀이 부풀어오르도록 한다. 불에서 내리고 포크로 밀을 뒤섞은 뒤 식게 둔다.

무화과를 4등분한 뒤 피칸을 손으로 부순다. 치즈도 손으로 뜯어 큰 볼에 다같이 넣는다. 루콜라를 더해 섞고 레몬즙과 엑스트라 버진 올리브유를 넣은 뒤, 빻은 밀을 주의하며 더한다. 잘 섞은 뒤 간하고 기호에 따라 올리브유를 다소 추가한 뒤 접시에 낸다.

* **빻은 밀**
구하기 어려운 빻은 밀은 조리 과정을 생략하고 돌체나 고르곤졸라와 같은 달콤하고 크리미한 치즈로 대체하는 것을 추천한다.

구운 닭고기 샐러드

GRILLED POUSSIN, SUMAC, ROCKET, CHICKPEAS, POMEGRANATE

커다란 닭을 요리하기 버겁다면 작은 닭을 쓰면 편합니다.
닭봉이나 닭다리살도 좋은 선택이죠. 옻 진액과 올리브유에 재운
뒤 익힌 닭고기에 석류 시럽을 뿌리면 훈연 향이 감도는 구운
고기에 톡 쏘는 상큼함이 일품입니다.

닭 구이 재료
- 작은 닭 4마리
- 옻* 진액 1큰술
- 으깬 마늘 4쪽
- 레몬 제스트 1개분
- 올리브유 100ml
- 타임 4가지
- 소금과 갓 갈아낸 후추

샐러드 재료
- 익힌 병아리콩 500g
- 잘게 썬 파 2대
- 씨를 빼낸 석류 2개
- 올리브유 1큰술
- 루콜라 200g
- 레몬즙 1개분
- 석류 시럽 2큰술
- 소금과 갓 갈아낸 후추

4인분

추천 드레싱
석류 드레싱 161p 참조

닭을 낮은 볼에 담고 소금을 제외한 나머지 재료를 담는다.
양념이 골고루 묻도록 섞는다. 비닐 랩으로 싸서 냉장고에
2~6시간 둔다.

또 다른 큰 볼에 병아리콩, 파, 석류씨, 올리브유를 넣고 섞어 옆에
둔다.

닭을 요리하기 30분 전에 냉장고에서 꺼내둔다. 그릴 팬이나
그리들, 바비큐 오븐을 예열해둔다.

닭이 상온이 되면 뜨거운 그릴 팬이나 바비큐 오븐에
껍질을 아래로 향하도록 올린다. 몇 분 후 살짝 들어본다.
잘 떨어지면 껍질이 좀 더 그슬리도록 방향을 바꾼다.

닭 껍질이 노릇하게 구워졌으면 뒤집어서 그릴의 덜 뜨거운
부분에 두거나 뚜껑을 덮어 오븐용 그릇에 담아 뜨거운
오븐에 넣는다. 닭이 푹 익을 때까지 8~10분 더 익힌다.
고기의 가장 두꺼운 부분을 찔러봤을 때 육즙이 투명하게
나오면 다 익은 것이다.

닭을 불에서 내리고 쿠킹호일로 살짝 덮어 5분 레스팅한다.

루콜라 잎을 샐러드 재료에 더하고 레몬즙을 골고루 뿌린 뒤 잘 섞는다. 소금과 후추로 간하고 샐러드를 접시에 나눠 올린다. 닭을 다리 먼저 자른 뒤 나머지를 반으로 가르는 방법으로 4등분한다. 닭고기를 샐러드 위에 올리고 석류 드레싱을 전체적으로 다시 뿌려준 후 식탁에 낸다.

• **옻**

알레르기 반응이 있을 수 있으므로 주의한다.

양고기와 구운 야채 샐러드

BARBECUED LAMB, AUBERGINE, PEPPERS, MINT YOGHURT, RED CHARD

더운 날에도 바비큐는 최고의 맛을 내죠. 60°C를 넘지 않도록 온도를 잘 맞추면 아주 연하고 부드럽게 구워진 양고기를 맛볼 수 있습니다. 분홍빛이 나는 상태로 먹는 것이 가장 좋으며 양면을 살짝만 구워도 요리가 완성됩니다.

- 양고기 커틀릿 8장 혹은 8대가 붙어 있는 양갈비
- 작은 가지 6개
- 노란 피망 1개
- 빨간 피망 1개
- 녹색 피망 1개
- 암염
- 올리브유 1~2큰술
- 적근대 200g
- 엑스트라 버진 올리브유 1큰술
- 그릭 요거트 150g
- 잘게 썬 민트 30g
- 레몬 ½개
- 소금과 갓 갈아낸 후추

4인분

바비큐 오븐을 예열한다. 뼈와 뼈 사이에 칼집을 넣어 양고기 커틀릿을 자른다. 이미 잘라진 양고기 커틀릿을 구매해도 된다.

가지 꼭지를 제거하고 길게 반으로 가른다. 피망도 꼭지를 자르고 씨를 제거한다. 채소를 비슷한 크기의 네모 모양으로 잘라 양고기 커틀릿과 같은 그릇에 놓는다. 암염과 후추로 간하고 올리브유 15~30ml를 뿌린다. 준비된 그릇을 바비큐 그릴에 올린다. 꾸준히 뒤집어 가며 익힌다. 양고기의 지방이 타거나 튀길 수 있으므로 잘 지켜본다.

6~8분 정도 익힌 후 그릴에서 채소와 양고기를 꺼낸다. 육즙을 보존하기 위해 양고기를 쿠킹호일에 올려 그대로 레스팅한다. 채소는 볼에 넣어 식힌다.

적근대의 줄기 부분을 잘라내고 잘 씻은 뒤 잎 부분을 썬다. 볼에 넣고 엑스트라 버진 올리브유와 소금으로 간해 옆에 둔다.

볼에 요거트, 민트, 소금, 후추, 올리브유 1큰술, 물 1큰술을 넣어 섞는다. 구운 채소에 레몬즙을 붓고 적근대 잎과 함께 버무려 잘 섞어 민트 요거트를 만든다.

접시에 올리고 1인당 양고기 커틀릿 2장을 올린다. 레스팅 도중 나온 육즙을 위에 붓고 민트 요거트를 올려 완성한다.

참치 필레 샐러드

SEARED TUNA FILLET, CHERRY TOMATOES, CAPERS, RED ONION, BASIL, CROUTONS

이 요리의 토마토 샐러드는 판자넬라라는 정통 이탈리안 샐러드 레시피에서 영감을 얻어 만들었습니다. 투스카니식 샐러드로, 토마토와 빵이 들어가며 '새비지 샐러드'에서 여름에 가장 인기 있는 메뉴죠. 적양파, 케이퍼, 바질이 들어가 상큼합니다. 신선한 참치와 함께해도 좋고 다른 메인 요리에 곁들여도 좋습니다.

- 썰지 않은 흰 식빵 반 덩이
- 엑스트라 버진 올리브유 100ml
- 방울토마토 150g
- 잘게 썬 바질 30g
- 케이퍼 1큰술
- 곱게 다진 적양파 ½개
- 레드와인 식초 30ml
- 천일염 1작은술
- 빨간 피망 3개
- 참치 필레 200g씩 4개
- 식용유 1큰술
- 소금과 갓 갈아낸 후추

4인분

추천 드레싱
바질과 루콜라 페스토 158p 참조

우선 판자넬라를 만든다. 오븐을 120°C로 예열한다. 크루통을 만들 때는 오래된 빵을 쓰는 것이 가장 좋다. 빵을 가로세로 1cm 정도로 깍둑썰고 베이킹팬에 올려 완전히 마를 때까지 1시간가량 오븐에 굽는다. 오븐에서 꺼내 엑스트라 버진 올리브유를 뿌려둔다. 소금으로 간하고 식힌다.

방울토마토를 반으로 잘라 큰 볼에 넣고 크루통, 바질, 케이퍼, 적양파를 넣는다. 레드와인 식초와 올리브유를 넣고 잘 섞은 후, 천일염을 뿌리고 옆에 둔다. 토마토가 부드러워지고 크루통도 수분을 충분히 머금도록 한다.

그릴을 강불로 달군다. 피망을 반으로 자르고 씨를 제거한 뒤 껍질쪽을 위로 해서 뜨거운 그릴 위에 15분간 익혀 겉이 타고 속이 부드럽게 익도록 한다. 탄 껍질은 쉽게 벗겨진다. 잘 벗겨지지 않는 부분은 그대로 두어 훈연 향이 입혀지도록 한다. 한입 사이즈로 자른다.

중불에 코팅 프라이팬을 달군다. 생선을 소금과 후추로 간하고 붓으로 식용유를 살짝 바른다. 뜨거운 팬에 올려 양면을 15초씩 그을린다. 너무 익거나 흐트러질 수 있으므로 팬에 식용유를 더 넣지 않는다. 익힌 뒤에 불에서 내리고 5mm 두께로 썰어 판자넬라, 피망과 함께 접시에 담는다.

구운 송어와 감자 샐러드

OVEN ROASTED RIVER, TROUT, NEW POTATOES, CUCUMBER, ROE, SOUR, CREAM, DILL

이 감자 샐러드는 크리스티나의 어머니에게서 영감을 얻었습니다. 스웨덴에서는 생선 알을 흔히 쓰며 마트에서도 다양한 종류를 구할 수 있죠. 소스나 대하 샌드위치의 토핑으로 짭조름한 풍미와 향을 더합니다. 구수한 햇감자와 싱싱한 생선은 육지와 바다의 재료가 만난 훌륭한 서프 앤 터프(surf and turf) 콤보가 됩니다. 생선 가게에서 세척과 손질을 부탁하면 시간을 절약할 수 있어요.

- 햇감자 600g
- 오이 1개
- 사워크림 150g
- 연어 알 80g
- 잘게 썬 딜 30g
- 송어 2마리
- 로즈마리 3가지
- 레몬 2개 (슬라이스용 1개)
- 암염
- 엑스트라 버진 올리브유 2큰술
- 소금과 갓 갈아낸 후추

4인분

감자와 냉수를 큰 소스팬에 담는다. 물이 끓어오르면 불을 줄여 15~20분 동안 삶는다. 날카로운 칼날로 찔러 들어가는지 확인한다. 물기를 빼고 옆에 두면 식으면서 부드러워진다.

오이를 세로로 길게 자르고 티스푼으로 씨를 긁어내 버린 뒤 얇게 어슷썬다.

사워크림, 오이, 연어 알, 딜을 볼에 넣어 잘 섞는다. 감자를 반으로 잘라 사워크림 혼합물에 추가한다. 소금, 후추로 간한다. 오븐을 180°C로 예열한다.

송어 머리를 제거하고 잘 드는 칼로 칼집을 낸다. 로즈마리와 레몬 슬라이스를 칼집마다 꽂고 레몬 하나는 남겨 둔다. 암염과 후추로 간하고 윗부분에 올리브유 절반 정도를 붓으로 발라준다. 생선을 베이킹팬에 올리고 오븐 중간에서 20분 굽는다. 가장 두꺼운 부분을 찔러 넣어 익었는지 확인한다. 다 익었으면 오븐에서 꺼내고 감자 샐러드를 접시에 나눠 담는다. 각 접시에 생선 조각을 올리고 남은 올리브유를 뿌린 후 레몬 조각을 곁들인다.

훈제 고등어 샐러드

SMOKED MACKEREL, ROAST BEETROOT, QUINOA, PEA SHOOTS, HORSERADISH CREAM

이 요리도 새비지 샐러드의 클래식 샐러드 중 하나로, 사람들이 가장 좋아하는 레시피입니다. 홀스래디시와 비트는 궁합이 좋고 고등어는 훈제 향뿐 아니라 퀴노아와 함께 훌륭한 단백질원이죠. 퀴노아 자체도 고소하지만 호박씨나 호두를 첨가하면 더욱 고소한 맛이 깊어져요.

- 비트 2뿌리
- 퀴노아 500g
- 생홀스래디시 ½큰술
- 화이트와인 식초 1큰술
- 헤비 크림 200ml
- 엑스트라 버진 올리브유
- 발사믹 식초 1큰술
- 훈제 고등어 필레 500g
- 레몬즙 약간
- 완두콩 어린싹 50g
- 소금과 갓 갈아낸 후추

4인분

오븐을 180°C로 예열한다. 비트에 각각 물 1큰술을 뿌리고 하나씩 호일에 싸서 오븐에 1시간 30분 동안 굽는다. 오븐에서 꺼내어 호일을 벗기지 않고 식힌다.

팬에 소금을 넣은 물 700ml를 끓인다. 퀴노아를 넣고 센 불에서 끓이다가 끓어오르면 불을 줄이고 뚜껑을 덮어 15분 더 익힌다. 퀴노아가 바닥에 붙지 않도록 두어 번 휘젓는다.

홀스래디시 껍질을 벗기고 푸드 프로세서에 소금 한 꼬집, 화이트와인 식초와 함께 간다. 볼에 옮겨담고 크림을 넣어 부드러운 봉우리가 생겨날 때까지 휘젓는다. 간을 맞추고 옆에 둔다.

비트 껍질을 손으로 벗긴 뒤 반으로 잘라서 반달 모양 조각으로 자른다. 비트와 퀴노아를 합친다. 올리브유와 발사믹 식초를 넉넉히 뿌리고 간을 맞춘 후 접시에 담는다.

고등어 필레를 손으로 찢어 껍질을 버리고 레몬즙과 완두콩, 어린싹을 올린다. 접시마다 생선을 올리고 홀스래디시 크림을 곁들여 낸다.

초리조 생옥수수 검은콩 샐러드

GRILLED CHORIZO, FRESH, CORN, BLACK BEANS, AVOCADO, CORIANDER, LIME, SHALLOTS

사탕옥수수가 제철인 때에는 구하기도 쉽고 가격도 저렴하다. 통조림에 있는 것보다 훨씬 달콤하고 아삭하며 맛 자체의 차원이 다르다. 멕시코 요리를 응용한 이 요리는 샐러드로 먹어도 좋고, 토르티야로 싸서 먹기에도 안성맞춤이다.

- 말린 검정콩 500g
- 옥수수 4개
- 잘 익은 아보카도 2개
- 요리용 초리조 소시지 600g (약 8개)
- 잘게 다진 바나나 샬롯* 1개
- 잘게 썬 고수 30g
- 라임 1개
- 엑스트라 버진 올리브유
- 소금과 갓 갈아낸 후추

4인분

추천 드레싱
마늘 요거트 164p 참조

말린 검정콩을 냉수 2L에 넣고 하룻밤 불린다. 다음 날 물기를 빼고 헹군 뒤 큰 냄비에 새로 받은 2L의 냉수와 함께 넣어 끓인다. 물이 끓으면 불을 줄이고 1시간 30분~2시간 더 삶아 으깨지기 쉬울 정도로 부드러울 때까지 끓인다. 건져서 물기를 빼고 찬물에 헹군 뒤 옆에 둔다. 보다 간편한 방법으로는 캔으로 된 콩 700g가량을 쓰면 된다.

그릴을 중불에 달군다. 단단한 칼로 옥수수에 붙은 줄기를 제거해 세로로 세우기 편하도록 한다. 옥수수의 위에서 아래로 잘라 옥수수알을 조심스럽게 분리한다. 물에 소금을 넣어 끓이고, 옥수수알을 넣어 2분간 데친다. 물에서 건져 찬물에 씻는다.

아보카도를 반으로 자르고 씨앗을 빼고 과육을 한입 사이즈로 작게 자른다.

초리조 소시지 껍질을 제거하고 길게 반으로 자른다. 지글거릴 때까지 그릴에 올려 5~10분간 익힌다. 또는 그리들 팬에 올려 지방이 녹고 그을리기 시작할 때까지 익힌다.

초리조를 제외한 모든 재료와 라임, 올리브유를 볼에 넣고 잘 섞는다. 라임 제스트를 갈아 볼에 넣고 반으로 잘라 즙을 낸다. 소금, 후추로 간하고 올리브유를 위에 듬뿍 뿌린다. 샐러드를 접시에 나눠 담고 초리조를 위에 얹는다.

* **바나나 샬롯**
양파보다 달콤한 맛을 내고, 샬롯보다 길쭉한 모양을 지닌 채소.

게살 아보카도 샐러드

WHITE CRAB, CHILLI,
AVOCADO, RED ONION, LIME, CHIVES

살아있는 게를 익히는 것에 익숙하지 않다면, 이미 살을 발라낸 게살을 이용해보세요. 이 요리를 만드는 데 드는 많은 시간과 노력을 단축해줍니다. 파네 카라사우라고 불리는 이탈리아 사르데냐의 납작한 빵을 구할 수 있다면 사워도우 빵 대신 사용합니다. 빵 없이 야생 루콜라를 더해 샐러드로 즐겨도 좋아요.

- 길게 잘라 씨를 뺀 긴 레드 칠리 1개
- 올리브유 100ml
- 잘 익은 아보카도 2개
- 적양파 1개
- 잘게 다진 차이브 6대
- 게살 500g
- 라임 1개
- 소금

4인분

칠리를 얇게 채썰고 다시 모아서 곱게 다진다. 올리브유를 중약불에 올린 팬에 두르고 달군다. 다진 칠리를 30분가량 불에 두고 올리브유에 칠리 향이 배도록 한다. 기름이 타버리지 않도록 과하게 가열하지 않도록 주의한다.

아보카도를 반으로 자르고 씨를 제거한 뒤 과육을 숟가락으로 떠낸다. 5mm 두께로 자른다.

적양파를 잘게 다지고 차이브, 게살, 아보카도와 한 볼에 넣는다. 라임 제스트와 라임즙도 넣는다.

소금 약간으로 간하고 잘 섞는다. 샐러드를 접시에 나눠 담고 칠리 오일을 뿌려 완성한다.

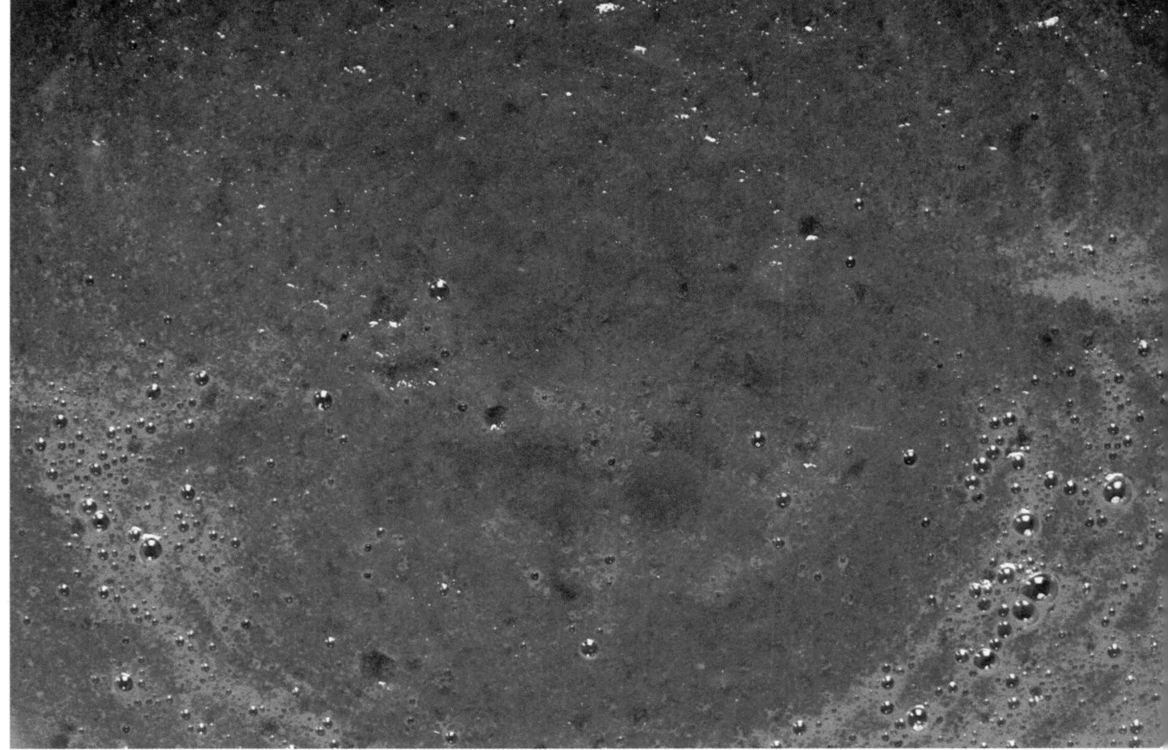

+SOUP

비트 토마토 가스파초

BEETROOT AND TOMATO GAZPACHO

가스파초를 좋아한다면 이 요리도 꼭 도전해보세요. 비법은 좋은 재료를 쓰는 것. 비트의 경우, 생으로 쓰기를 추천합니다. 미리 잘라서 식촛물에 보존된 비트는 달달한 맛이 사라져요.

- 비트 1kg
- 줄기 달린 토마토 1kg
- 셀러리 2대
- 적양파 1개
- 오이 1개
- 곱게 다진 레드 칠리 1개
- 칼등으로 다진 마늘 4쪽
- 토마토 주스 500ml
- 사워도우 등 단단한 오래된 빵 200g
- 셰리 식초 2작은술
- 타바스코 소스 약간
- 엑스트라 버진 올리브유 100ml
- 소금과 갓 갈아낸 후추

4인분

오븐을 220°C로 예열하고 베이킹팬에 쿠킹호일을 깐다. 물을 조금 넣어 비트를 구울 때 살짝 삶아지도록 한다. 비트를 팬에 올리고 호일로 덮어 가장자리가 꽉 닫히도록 접는다. 오븐에 2시간 동안 굽는다. 삶는 대신 구우면 훨씬 깊은 향이 난다.

남은 채소를 5cm 정도 두께로 잘라 쟁반에 올린다. 칠리와 마늘을 넣어 잘 섞고 천일염으로 간한다. 냉장고에 넣어둔다. 이렇게 하면 즙이 배어나와 더 맛이 깊어진다.

비트가 다 익었으면 부드럽게 무른 상태가 된다. 다 익었으면 오븐에서 꺼내 식힌다. 껍질을 벗겨내고 완전히 식을 때까지 냉장고에 넣어 식힌다.

모든 채소가 식으면 믹서에 넣고 토마토주스, 빵, 셰리 식초를 더한다. 아주 곱게 간다. 필요에 따라 2~3회 나눠 갈아준다.

간 내용물을 체에 걸러 섬유질을 제거한다. 이때 빵의 볼륨을 유지하도록 너무 구멍이 미세한 체로 거르지 않도록 한다. 목넘김이 편한 질감이 되도록 필요에 따라 토마토주스를 추가한다. 입자 고운 천일염과 후추, 타바스코 핫소스로 간한다. 끝으로 올리브유를 넣고 충분히 섞이도록 휘젓는다. 가스파초를 냉장고에 넣어 완전히 차가워질 때까지 둔다. 역시 차갑게 냉장해둔 잔에 담아 먹는다.

AUTUMN

가을

가을은 1년 중 가장 풍부한 재료들로 가득합니다.
여름 채소만큼 다양하죠. 잘 익은 호박부터 낙엽 빛깔의 고구마, 자주색이 예쁜 비트와 적양파까지.

이처럼 구수하고 달달한 재료에 바삭한 씨앗류, 포만감을 넉넉히 주는 곡류와 콩을 더합니다. 가벼운 여름과 푸짐한 겨울요리 사이에 따뜻하고 영양이 풍부한 먹을거리를 만드는 거예요.

샐러드를 만들 때는 다양한 조합의 채소를 고르고 즐겁고 대범하게 요리해보세요. 예를 들어 여러 색깔의 비트를 구워 비주얼이 돋보이는 요리를 만들거나, 건과일처럼 달콤한 재료를 넣어보는 겁니다. 야생 버섯과 쌀로 만든 샐러드(107p)에 버섯을 한 종류만 썼다면 별로 색다를 것 없겠지요. 구운 호박샐러드(104p)는 끈적하고 달콤한 대추야자를 더하면 훨씬 맛있어집니다.

5분 샐러드

FIVE MINUTE SALAD

비트

케일

사과

호박씨

해바라기씨

셰리 식초*

* 셰리 식초
  스페인 남부지역에서 유명한
  셰리와인을 발효시켜 만든 식초

껍질 벗긴 비트 2개를 갈아 볼에 담는다. 소금과 후추로 간하고 셰리 식초 1작은술을 넣는다. 비트를 2분가량 두어 불린다. 케일 300g을 2.5cm 정도 크기로 자르고 두꺼운 줄기를 제거한다. 사과의 씨를 제거하고 4등분해 얇게 채썬다. 해바라기씨와 호박씨를 1큰술씩 더하고 올리브유를 듬뿍 뿌려 잘 뒤섞는다.

구운 호박 샐러드

ROAST PUMPKIN, BULGUR WHEAT, DATES, RED ONIONS, SPINACH, GOAT"S CHEESE

가을에 가장 먹기 좋은 샐러드로, 채소로만 이루어져 있어도 포만감을 줍니다. 따뜻하게 먹어도, 차갑게 먹어도 맛있죠. 남으면 점심 도시락으로도 훌륭합니다.

- 호박 1개(1~2kg)
- 조리용 올리브유
- 타임과 로즈마리 가지 몇 개
- 적양파 2개
- 불구르 밀* 500g
- 레몬즙
- 4등분으로 찢은 말린 대추야자 50g
- 시금치 200g
- 엑스트라 버진 올리브유
- 염소젖 치즈 250g
- 소금과 갓 갈아낸 후추

4인분

추천 드레싱
오렌지와 꿀 드레싱 176p 참조

* **불구르 밀**
터키나 중동 지역에서 즐겨 먹는 곡물. 밀겨의 일부분을 제거한 뒤 쪄서 빻아 섬유질이 풍부하고 포만감이 높아 다이어트 식품으로 좋다. 오트밀로 대체한다.

오븐을 200°C로 예열한다. 큰 식칼로 호박을 반으로 자른다. 씨를 숟가락으로 퍼내 제거한다. 껍질을 잘라내고 과육을 2.5cm 크기로 깍둑썰기한 다음 베이킹팬에 올리고 올리브유 1큰술, 소금, 후추, 허브 절반 정도를 뿌려 뒤섞는다. 오븐 맨 윗칸에서 45분~1시간 정도 굽는다. 칼로 호박이 속까지 잘 익었는지 확인한다.

호박이 익는 동안 양파 껍질을 벗긴다. 이때 뿌리는 남겨두어 자를 때 한쪽이 붙어있도록 한다. 먼저 세로로 반 자르고 반대편에서 3~4번 잘라 뿌리까지 관통한다.

양파 조각을 베이킹팬에 놓고 올리브유 1큰술, 소금, 후추, 남은 허브를 넣어 섞은 후 30~45분 정도 오븐에 굽는다. 호박보다 먼저 익을 경우 오븐 아래쪽에 두어 양파의 온기를 유지한다.

불구르 밀을 내열볼에 담은 뒤 끓는 물을 덮을 정도로 붓는다. 뚜껑을 덮고 30분 둔다.

양파와 호박이 준비되면 잠시 식힌다. 불구르 밀을 손이나 뜨거울 경우 포크로 뒤섞는다. 올리브유를 듬뿍 뿌린다. 간을 하여 치즈를 뺀 다른 모든 재료와 섞는다. 염소젖 치즈를 부숴 위에 올린 뒤 식탁에 낸다.

야생 버섯볶음 샐러드

SAUTÉED WILD, MUSHROOMS, WILD RICE, ROASTED, GARLIC, ROCKET

가을에 나는 쌀을 활용한 요리입니다. 쉬우면서도 감칠맛이 살아 있어, 저녁 식사로도 좋고 많이 만들어두면 다음 날 점심에도 활용할 수 있죠(물론 그만큼 남기려면 인내심이 필요해요). 프랑스 남부 까마르그(Camargue) 지방에서 나는 아주 고소한 맛의 붉은 쌀을 씁니다. 살짝 쫄깃한 식감이 샐러드에 넣기에 최적이에요. 까마르그 쌀이 없으면 생쌀이나 현미로 대체해보세요.

- 엑스트라 버진 올리브유
- 마늘 1통
- 까마르그 쌀 500g
- 살구버섯이나 뿔나팔버섯 등 야생 버섯 400g
- 버터 1큰술
- 화이트와인 식초 2큰술
- 루콜라 200g
- 소금과 갓 갈아낸 후추

4인분

추천 드레싱
타라곤 드레싱 175p 참조

오븐을 150°C로 예열한다.

올리브유를 통마늘 위에 뿌리고 호일에 싸서 오븐에 30~40분 굽는다. 오븐에서 꺼내 식히고 마늘을 껍질에서 짜낸다. 찐득한 질감으로 쉽게 튀어나온다. 껍질은 버린다.

쌀을 흐르는 찬물에 씻고 팬에 올려 물을 부은 뒤 소금을 넣고 끓인다. 알갱이가 서로 떨어질 때까지 30분가량 익힌다. 다 익으면 체에 받쳐 옆에 둔다. 다른 종류의 쌀을 쓰는 경우 포장지에 있는 설명을 따른다.

야생 버섯에 묻은 흙은 깨끗한 솔로 문질러 손질한다. 잘게 찢어둔다. 버섯은 갓을 두 손으로 쥐고 벌리면 쉽게 찢어진다.

재빨리 익혀내야 하므로 팬에 한꺼번에 너무 많은 양의 버섯을 넣지 않도록 한다.

양이 많으면 두 번으로 나눠서 볶는다. 우선 버터와 올리브유를 넓은 프라이팬에 넣어 강불에 달군다. 뜨거운 팬에 버섯 1회분을 넣고 기름과 버터가 충분히 묻도록 저은 후, 30초 동안 뚜껑을 덮어 익힌다. 익은 버섯은 접시에 덜고 두 번째 버섯 모음을 넣는다. 똑같이 익혀낸다. 익은 버섯을 모두 팬에 다시 넣고 마늘과 화이트와인을 더한 뒤 소금과 후추로 간한다. 와인이 모두 날아갈 때까지 30초간 더 익힌다.

버섯을 쌀과 잘 섞는다. 필요에 따라 소금과 후추로 간한다.

접시에 담아내고 루콜라 한 움큼으로 장식한다.

폭찹 감자 샐러드

PORK CHOPS, NEW, POTATOES, APPLE, SPRING ONION, WHOLE, GRAIN MUSTARD

달콤한 사과, 구수한 감자, 톡 쏘는 머스터드와 양파가 근사하게 어울리는 샐러드입니다. 새비지 샐러드를 찾는 손님들에게도 단연 인기며, 폭찹 대신 쇠고기로 만들어도 잘 어울리죠. 질겨지는 것을 피하려면 등심을 너무 오래 익히지 말아야 합니다. 고기 온도계가 있다면 70°C가 되었을 때 완벽히 익어요.

- 햇감자 800g
- 민트 1다발
- 파 4대
- 사과 1개
- 홀그레인 머스터드 1작은술
- 올리브유
- 잘게 다진 파슬리
- 폭찹(돼지 등심) 4개
- 식용유 1큰술
- 마늘 2~3쪽
- 타임 가지 몇 개
- 소금과 갓 갈아낸 후추

4인분

추천 드레싱
홀그레인 머스터드 드레싱 168p 참조

오븐을 200°C로 예열한다. 햇감자와 민트를 소금물에 넣어 큰 팬에 12~15분간 삶는다. 다 익으면 건지고 민트는 버린다. 살짝 식은 후에 반으로 잘라 큰 볼에 넣는다.

파를 잘게 다진다. 사과를 4등분하고 씨를 제거해 다시 얇게 썬다. 사과와 파를 감자에 넣고 머스터드, 올리브유, 파슬리 썬 것을 추가한다. 소금, 후추로 간하고 잘 섞는다.

키친타월로 돼지 등심을 두드려 표면의 수분을 제거한다. 잘 드는 칼로 지방 부위에 칼집을 절반 정도 깊이까지 내어 익힐 때 모양이 변형되지 않도록 한다.

오븐 사용이 가능한 팬을 중불에 달군다. 등심을 소금과 후추로 간하고 붓으로 식용유를 살짝 바른다. 달궈진 팬에 마늘, 타임과 함께 돼지고기를 넣어 한 면에 3~4분씩 양면을 노릇하게 익힌다. 팬을 오븐에 넣어 5~8분 더 구워낸다.

오븐에서 꺼내 팬 안에서 잠시 레스팅한다. 감자 샐러드를 접시에 담고 접시마다 폭찹을 담는다. 고기를 구운 육즙을 위에 뿌린다.

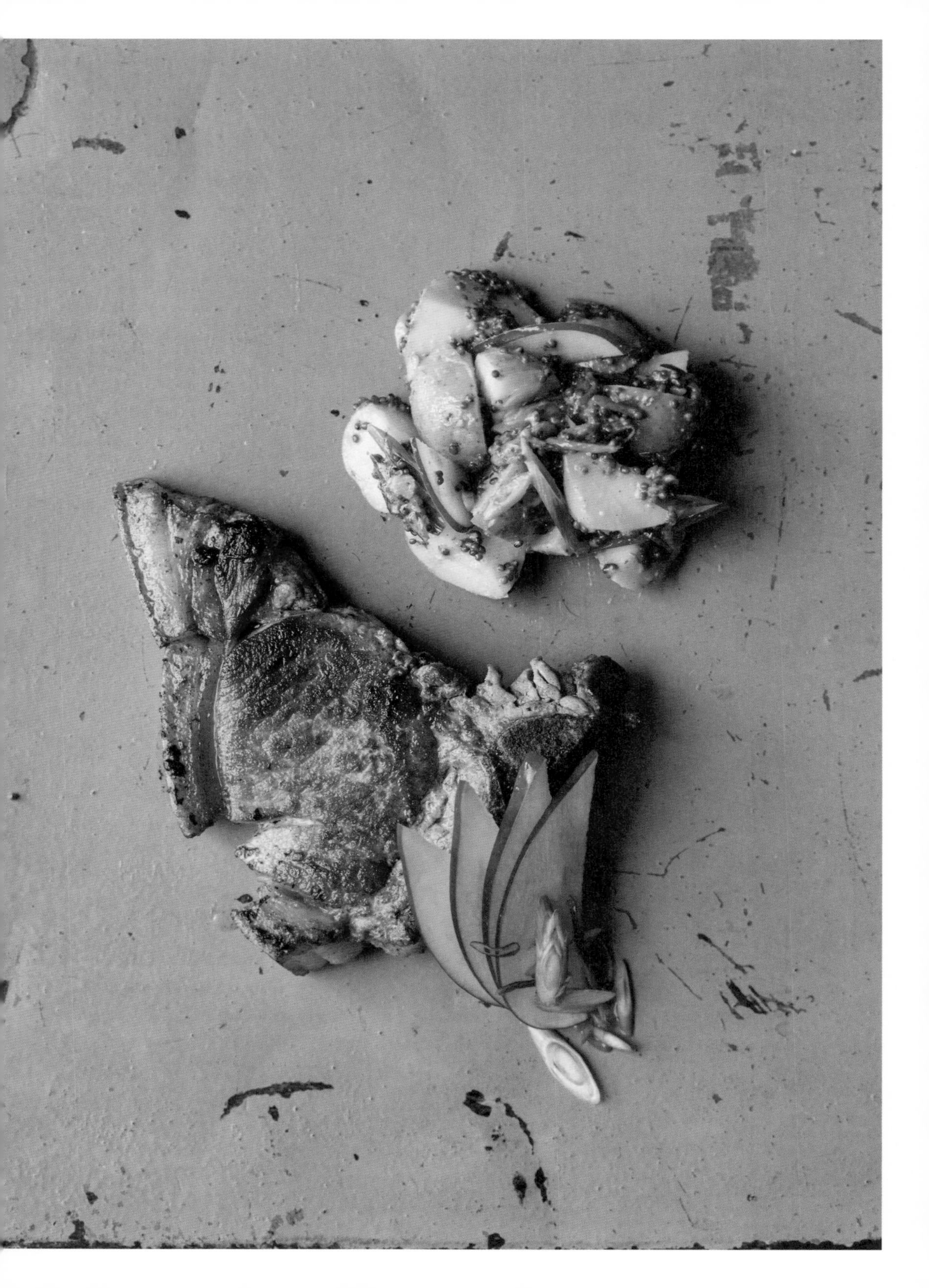

구운 콜리플라워 샐러드

ROAST CAULIFLOWER, BUTTER BEANS, BREAD CRUMBS, POMEGRANATE, LEMON ZEST

든든하게 배부른 비건 레시피로, 가벼운 점심 식사로 제격입니다. 콩에 들어있는 단백질과 콜리플라워의 다양한 영양소, 빵 부스러기의 탄수화물까지 더해 알찬 샐러드가 완성됩니다. 고기를 추가하고 싶으면 칠면조나 닭고기로 만든 소시지가 잘 어울려요.

- 리마콩* 500g
- 콜리플라워 1통
- 엑스트라 버진 올리브유
- 빵 ¼덩이
- 레몬 1개분의 제스트와 레몬즙
- 석류 1개
- 크게 다진 파슬리
- 소금과 갓 갈아낸 후추

4인분

추천 드레싱
시트러스 드레싱 172p 참조

리마콩을 큰 냄비에 넣고 냉수를 충분히 부어 불에 올린다. 물이 끓기 시작하면 중불로 줄여 1시간~1시간 30분가량 뒤적이며 삶는다. 콩이 부드럽게 익으면 체에 밭쳐 물기를 빼고 흐르는 찬물에 헹군다. 자연스레 벗겨지는 껍질은 버린다.

오븐을 200°C로 예열한다. 콜리플라워의 줄기와 잎을 제거하고 위에서 아래로 가운데를 자르고 다시 각각 반을 잘라 4등분한다. 남은 줄기 부분을 대각선으로 칼집을 내어 떼어낸다. 콜리플라워의 하얀 윗부분을 2.5cm 크기로 잘라 베이킹팬에 올린다. 올리브유를 듬뿍 뿌리고 30~40분 오븐에 굽는다.

오븐 온도를 100°C로 낮춘다. 식빵을 작은 크기로 깍뚝썰고 베이킹팬에 올린 뒤, 바삭하게 마르고 살짝 갈색이 감돌 때까지 오븐에 1시간 동안 굽는다. 완성되면 오븐에서 꺼내 식히고 부스러기 크기로 부순다. 엑스트라 버진 올리브유를 뿌리고 소금과 레몬 제스트를 더한다.

석류를 4등분하고 씨를 꺼낸다. 식힌 리마콩과 구운 콜리플라워에 석류를 더한다. 엑스트라 버진 올리브유와 레몬즙으로 드레싱을 올리고, 간을 맞춘 뒤 잘게 썬 파슬리를 올린다. 접시에 나눠 담고 구운 빵 부스러기를 위에 뿌린다.

* **리마콩**
중앙아메리카가 산지인 리마콩은 달콤한 맛과 풍성한 향미를 가졌다. 흰 강낭콩으로 대체한다.

관자 프로슈토 샐러드

SCALLOPS, JERUSALEM, ARTICHOKE, CRISPY PARMA HAM, LAMB"S, LETTUCE

짭짤한 프로슈토와 달큰한 관자는 돼지고기와 해산물이라는 정통적인 궁합의 절묘한 재해석입니다. 예루살렘 아티초크라고도 불리는 돼지감자는 해바라기속 식물의 뿌리죠. 해바라기를 뜻하는 이탈리아어 'girasole'이 실수로 '예루살렘'으로 읽히면서 영어권 국가에 오역되어 전해졌습니다. 수프나 퓨레를 만들기에 좋은 뿌리채소지만, 이 레시피는 팬에 볶아 독특한 식감을 살렸어요.

- 돼지감자 500g
- 올리브유
- 얇게 썬 프로슈토 150g
- 식용유 1작은술
- 알 제거한 관자 12개
- 버터 2큰술
- 콘샐러드* 150g
- 레몬즙 ½개분
- 엑스트라 버진 올리브유
- 소금과 갓 갈아낸 후추

4인분

추천 드레싱
헤이즐넛과 타임 드레싱 181p 참조

돼지감자는 껍질을 벗기고 5mm 두께로 썬다. 팬에 올리브유를 살짝 둘러 중불에 달구고, 돼지감자 슬라이스를 넣어 노릇해질 때까지 10~12분 볶는다. 칼로 찌르면 부드럽게 들어갈 때쯤 불에서 내린다.

프로슈토를 3~4조각으로 찢어둔다. 프라이팬에 식용유를 조금 두르고 중불에 달군 뒤 프로슈토를 넣고 바삭해질 때까지 재빨리 굽는다. 불을 끄고 햄을 키친타월에 올려 기름기를 제거한다.

관자를 소금과 후추로 간하고 올리브유를 듬뿍 뿌린 뒤 코팅 프라이팬에 두 번 나누어 익힌다. 기름은 추가하지 않고 4~5분간 굽는다. 노릇한 빛깔에 가장자리가 살짝 바삭해질 때까지 구우면 된다. 가운데가 따뜻하되 뜨겁지 않도록 한다. 거의 다 익었을 때쯤 팬에 버터를 2큰술을 넣는다. 버터가 끓으면 관자 위에 떠서 붓는다. 팬에서 꺼내 키친타월 위에 올린다.

볼에 돼지감자와 콘샐러드, 프로슈토와 레몬즙을 넣어 섞는다. 접시에 나누어 내고 관자를 3개씩 얹는다.

* **콘샐러드**
샐러드에 주로 사용하는 허브의 한 종류로 소화를 돕고 해독작용을 한다. 어린잎채소로 대체한다.

구운 메추라기 샐러드

ROAST QUAIL, BACON, SPROUTING BROCCOLI, CRUSHED PISTACHIO, NUTS, RADICCHIO

메추라기는 닭이나 칠면조 대신 쓰기 좋은 재료입니다. 뼈째 익혀도 되고 순살로 먹어도 괜찮죠. 다만 지방이 적기 때문에 익히는 중에 뻑뻑해질 수도 있습니다. 요리할 때 판체타로 감싸면 육즙이 유지되고 짭조름한 맛도 더해주죠. 통째로 오븐에 굽는 것이 가장 빠르고 손쉬운 조리법입니다.

- 손질한 메추라기 4마리
- 타임 가지 몇 개
- 지방이 적은 베이컨 8장
- 엑스트라 버진 올리브유
- 브로콜리 250g
- 라디키오 1개
- 레몬즙 1개분
- 으깬 피스타치오 2작은술
- 소금과 갓 갈아낸 후추

4인분

추천 드레싱
석류 드레싱 161p 참조

오븐을 200°C로 예열한다.

메추라기의 속과 겉을 소금과 후추로 간한다. 타임 잎을 줄기에서 긁어내 메추라기에 뿌린다. 하나씩 베이컨 두 장으로 감싸고 꼬치로 고정한 뒤 큰 오븐용 팬에 나누어 넣는다. 식용유를 겉에 뿌리고 오븐에 10~12분 굽는다. 중간에 한 번 뒤집어준다. 다 익었는지 확인하려면 잘 드는 얇은 칼로 가장 두꺼운 부분을 찔러본다. 육즙이 분홍빛으로 투명하게 흐르고 베이컨이 지글거리면 완성된 것이다.

브로콜리를 끓는 소금물에 2분간 데치고 꺼낸 뒤 흐르는 찬물에 헹군다.

라디키오는 세로로 잘라 두꺼운 심 부분을 제거하고 5cm 크기로 잘라둔다. 볼에 브로콜리를 넣어 레몬즙, 올리브유를 뿌리고 잘 섞는다. 기호에 맞춰 간을 하고 접시에 낸다. 구운 메추라기를 접시마다 올리고 으깬 피스타치오를 위에 뿌려 담아낸다.

오징어와 조린 병아리콩 샐러드

GRILLED SQUID, STEWED, CHICKPEAS, TOMATO, PAPRIKA, MORCILLA

스페인의 풍미를 담은 샐러드입니다. 세계 어디에서나 블랙 푸딩, 블러드 소시지 등으로 불리는 순대 종류를 찾아볼 수 있는데요. 스웨덴에서는 프라이팬에 볶아 월귤잼을 곁들여 먹고, 이탈리아에서는 빵에 스프레드로 발라 먹습니다. 모르씨야는 스페인식 순대로, 쌀과 쿠민이 들어 있죠. 풍부한 맛을 내고 다양한 용도로 사용되어 요리사들이 사랑하는 재료입니다.

- 병아리콩 500g
- 당근 1개
- 셀러리 1대
- 마늘 1쪽
- 타임 가지 몇 개
- 양파 1개
- 올리브유
- 토마토 캔 400g
- 그래뉴당 1작은술
- 엑스트라 버진 올리브유
- 손질된 오징어 400g
- 모르씨야 200g
- 식용유
- 오렌지 제스트 1개분
- 잘게 다진 파슬리
- 소금과 갓 갈아낸 후추

4인분

병아리콩을 찬물에 물 2, 콩 1의 비율로 하룻밤 불린다. 다음 날이 되면 물에서 건져 찬물에 잘 헹군다. 큰 팬에 냉수를 넣고 물이 끓어오르면 불을 약하게 줄여 부드러워질 때까지 1시간 반 동안 삶는다. 채소를 건져내어 버리고 콩은 체에 받쳐 식힌다.

4등분한 양파 한 쪽을 썰고 마늘 1쪽을 잘게 다진다. 올리브유를 팬에 조금 두르고 양파와 마늘을 넣어 5분가량 볶는다. 토마토, 설탕, 타임을 넣고 소금과 후추로 간해 30~45분 약불에 조린다. 타임을 건져내고 푸드 프로세서나 믹서에 넣어 곱게 간다. 토마토 소스와 병아리콩을 섞고 간을 다시 본 후 엑스트라 버진 올리브유를 뿌려 옆에 둔다.

오징어 몸통과 다리를 5cm 길이로 자르고 모르씨야를 1cm 두께로 썬다. 식용유를 팬에 두르고 강불에 달군다. 오징어에 간을 하고 불에 올려 4분간 재빨리 볶아낸다. 모르씨야를 넣어 녹기 시작할 때까지 30초간 더 익힌다.

오징어를 병아리콩 위에 올리고 모르씨야를 맨 위에 숟가락으로 떠서 올린다. 파슬리를 올리고 오렌지 제스트를 접시 바로 위에서 갈아 마무리한다.

오리가슴살 적양배추 케일 샐러드

DUCK BREAST, RED, CABBAGE, KALE, SULTANAS, ORANGE, TOASTED ALMONDS

아쉽게도 오리가슴살은 집에서 자주 쓰지 않는 재료 중 하나지만 연한 식감과 깊은 맛은 그 어떤 요리도 고급스럽게 만들어줍니다. 양배추와 오렌지가 오리의 농후한 맛을 적절히 보완하고, 단백질이 풍부하면서도 상큼한 식사가 되도록 도울 거예요.

- 오리가슴살 2개
- 엑스트라 버진 올리브유
- 적양배추 ¼개
- 케일 250g
- 건포도 50g
- 오렌지 2개
- 아몬드 플레이크 50g
- 소금, 으깬 통후추

2인분

추천 드레싱
오렌지와 꿀 드레싱 176p 참조

오븐을 200°C로 예열한다.

오리가슴살 껍질에 5mm 간격으로 X자 칼집을 넣는다. 살점까지 칼집이 들어가지 않도록 주의한다. 소금과 으깬 통후추로 간하고 껍질에 식용유를 살짝 바른다. 오븐용 프라이팬에 껍질을 아래로 두고 중불에 5분 익혀 껍질이 녹기 시작할 때까지 둔다. 뒤집어서 살쪽을 2분 그을리고 다시 껍질쪽으로 둔 뒤 팬을 오븐에 넣어 8~10분 굽는다. 오븐에 환풍기가 달려 있지 않은 경우 맨 윗칸에 넣는다. 눌러보았을 때 살코기가 너무 단단하지도, 부드럽지도 않고 껍질이 노릇하게 익으면 완성이다. 오븐에서 꺼내고 호일로 살짝 덮어 레스팅한다.

양배추를 가로로 밑동 직전까지 채썬다. 채칼을 쓰면 편하지만 없으면 칼로 아주 얇게 채썰면 된다. 천일염을 살짝 뿌려 잎이 부드러워지고 물기가 배어나오게 한다. 밑동을 버린다. 케일의 단단한 줄기를 제거한다. 엄지와 검지로 줄기를 잡은 후 다른 손으로 줄기를 잡아당기면 손쉽게 잎만 딸 수 있다.

줄기를 버리고 잎을 2.5cm 정도로 자른다. 끓는 소금물에
3분간 데치고 꺼낸 뒤 흐르는 찬물에 헹군다. 체에 받쳐
물기를 제거한다.

건포도를 작은 내열 볼에 담고 끓는 물을 조금 붓는다.
불어날 때까지 뚜껑을 덮어둔다. 체에 받치고 체 바닥에 살짝
눌러 물기를 마저 짜낸다. 너무 뜨거운 상태인 경우 깨끗한
면포로 누른다.

오렌지 껍질을 과도로 벗긴다. 중간 심을 제거하고 과육만
발라낸다.

그릴을 중불로 달군다. 아몬드를 베이킹팬에 겹치지 않게
깔고 10분 동안 색이 노릇해질 때까지 굽는다. 타기 쉽기
때문에 눈을 떼지 말고 지켜보아야 한다.

오리고기를 제외한 모든 재료를 큰 볼에 담는다. 잘 섞어
간을 맞춘다. 오리가슴살을 비스듬하게 가로로 썰어 샐러드
위에 올린다. 육즙을 위에 뿌려 마무리한다.

+SOUP

고구마와 붉은 렌틸콩, 칠리 수프

SWEET POTATO, RED LENTIL AND CHILLI SOUP

샐러드로 만들 때는 붉은 렌틸콩 대신 푸이 렌틸*을 쓰고 칠리 오일 드레싱을 뿌립니다. 이 레시피의 핵심은 톡 쏘는 맛을 더해주는 칠리입니다. 수프로 만들면 생크림을 더하지 않고도 농후하고 크리미한 식감이 되며 하루 종일 든든하죠. 쌀쌀한 가을 저녁에 먹기 좋은 따뜻하고 영양가 높은 수프입니다.

- 양파 1개
- 셀러리 1대
- 마늘 2쪽
- 길고 얇은 레드 칠리 1개
- 고구마 600g
- 버터 1큰술
- 올리브유
- 간 생강 1작은술
- 생 고수 20g
- 빨간 렌틸콩 300g
- 소금, 후추

4인분

양파와 셀러리를 1cm 간격으로 썰고 마늘과 칠리를 다진다. 씨는 제거한다. 고구마 껍질을 벗겨 깍둑썰기하고 옆에 둔다.

버터와 올리브유를 큰 팬에 두르고 중불에 달군다. 버터가 녹으면 양파, 셀러리, 마늘, 칠리, 생강을 넣어 5분 동안 볶는다. 뚜껑을 덮어둔다.

고구마를 팬에 넣고 5분 더 익힌 후, 고수 줄기와 렌틸콩을 추가한다. 불을 강불로 올리고 2분간 콩과 채소를 빠르게 볶아낸다. 올리브유를 필요에 따라 더 추가한다.

물 1리터를 넣고 끓이다가 중불로 줄여 30분간 더 익힌다.

고수 잎을 넣고 (가니시 용으로 조금 남긴다) 소금과 후추로 간한다. 믹서에 2~3회분으로 나누어 넣고 곱게 간다. 뜨거운 상태이므로 데이지 않도록 주의한다. 그릇에 담아 고수 잎을 몇 장 올려 완성한다.

* **푸이 렌틸**
렌틸의 한 종류로 거뭇한 무늬가 있다.
렌틸로 대체해도 무방하다.

WINTER

겨울

겨울은 춥고 무채색이며 따분할 때가 많습니다. 하지만 음식은 반대로 따뜻하고 다채로우며 생기 있게 먹을 수 있지요. 겨울 채소는 눈부신 색감과 깊은 풍미로 우리를 사로잡습니다. 달달한 파스닙*과 구수한 밤, 싱그러운 방울양배추를 한입 베어 물면 입안이 즐거움으로 가득 차겠지요. 샐러드를 먹기에 더할 나위 없는 계절입니다.

물론 바깥 날씨가 춥고 혹독할수록, 배는 든든히 채워야 할 겁니다. 영하의 기온에도 버틸 수 있도록 에너지를 충만하게 해주는 음식을 마련했습니다. 겨울에 샐러드로는 배불리 먹기 어려울 거라고요? 따뜻하고 건강하면서도 든든한 채소가 얼마나 다양한데요.

염소젖 치즈를 얹은 샐러드(144p)라든지, 염장한 양지와 꿀에 구운 루타바가, 통보리가 들어간 샐러드(151p)로 강렬한 맛과 빛깔을 느껴보세요. 제 아무리 어둡고 지루한 겨울밤이라도 환히 밝혀줄 음식이랍니다.

* 파스닙

모양은 당근과 비슷하나 단맛이 더 강해 설탕당근이라 불린다. 비타민과 식이섬유가 풍부하며, 수프의 단골 재료로 사용되는 뿌리채소다.

5분 샐러드

FIVE MINUTE SALAD

셀러리악

호두

코니숑

물냉이

디존 머스터드

마요네즈

파슬리

껍질을 벗긴 셀러리악 반 통을 볼에 갈아 넣는다. 레몬 반 개의 즙과 소금, 후추를 넣어 간한다. 호두 75g을 손으로 부수고 코니숑 50g를 크게 다진다. 물냉이 150g과 섞는다. 드레싱으로는 디존 머스터드 1작은술, 마요네즈 2큰술, 파슬리 2작은술과 올리브유를 넉넉히 섞는다. 소금, 후추, 레몬즙 약간으로 간한다.

구운 할루미 치즈와 오렌지 샐러드

GRILLED HALLOUMI, GOLDEN BEETROOT, ORANGE, RED CHARD, WALNUTS

할루미 치즈는 어느 메뉴에나 올리는 재료입니다. 전통적으로는 염소젖으로 만들지만, 요즘은 양젖이나 우유를 섞어 만든 종류도 있죠. 그릴에 그대로 올렸을 때 곧바로 녹지 않는 치즈는 희귀하기 때문에 소중한 식재료예요. 할루미 치즈의 농후한 짠맛이 비트와 오렌지의 달콤함과 완벽히 조화를 이룹니다.

- 골든 비트 800g
- 블러드 오렌지 1개
- 할루미 치즈 350g
- 엑스트라 버진 올리브유
- 두꺼운 줄기를 제거한 스위스 적근대 150g
- 으깬 호두 2큰술
- 소금과 갓 갈아낸 후추

4인분

추천 드레싱
오렌지와 꿀 드레싱 176p 참조

오븐을 200°C로 예열한다.

비트를 오븐용 팬에 놓고 물을 몇 큰술 뿌린 후, 호일로 바짝 덮어 예열된 오븐에 1시간~1시간 30분 굽는다. 익었는지 확인하려면 칼로 찔러본다. 김이 빠르게 방출되기 때문에 주의한다. 오븐에서 꺼내 호일을 덮은 채로 30분간 식힌다. 호일을 벗기고 비트를 반으로 자른 뒤 크기에 따라 3~4개의 반달 모양으로 다시 자른다.

블러드 오렌지 껍질을 잘 드는 과도로 벗긴다. 중간 심을 제거하고 막 사이사이로 도려내어 과육만 발라낸다.

할루미 치즈를 1cm 크기로 자른다. 올리브유를 코팅 프라이팬에 두르고 중불에 달군다. 할루미 치즈를 올려 노릇하게 부드러워질 때까지 3~5분간 양면을 굽는다.

비트, 오렌지 과육, 적근대, 호두를 볼에 넣고 간을 맞춘 뒤 올리브유를 살짝 뿌린다. 접시에 나누어 담고 따뜻한 할루미 치즈를 위에 올린다.

구운 뿌리채소 샐러드

ROASTED ROOT, VEGETABLE SALAD, TALEGGIO, TARRAGON

타라곤은 뿌리채소에 곁들이기 좋은 허브로, 크리미한 파스닙에 특히 잘 어울립니다. 탈레조 치즈는 이탈리아의 연질 치즈로 겨울 요리에 깊은 풍미를 더해주죠. 경우 염소젖 치즈나 블루 치즈, 까망베르 등도 잘 어울립니다. 다만, 너무 다른 종류의 치즈를 함께 섞어 쓰지 않도록 주의하세요.

- 파스닙, 당근, 순무, 셀러리악 등 뿌리채소 2kg
- 땅콩 오일 200ml
- 탈레조 치즈 500g
- 타라곤 ½다발
- 화이트와인 식초 2큰술
- 소금과 갓 갈아낸 후추

4인분

오븐을 200°C로 예열한다.

뿌리채소의 껍질을 벗기고 5cm 길이로 썬다. 끓는 물에 1분가량 데치고 체에 받쳐 온기가 남아있을 정도로 식힌다.

땅콩 오일 절반가량을 넓은 쟁반에 뿌려 오븐에 넣는다. 5~10분 후 달궈지면 쟁반을 꺼내 썰어둔 채소를 올린다. 숟가락으로 오일이 골고루 묻도록 잘 섞는다. 소금과 후추로 간하고 오븐에 넣어 노릇하게 구워질 때까지 45분간 굽는다. 구멍 뚫린 국자로 채소를 따뜻한 그릇에 옮긴다.

탈레조 치즈의 껍질을 제거하고 1cm 크기로 찢어 옆에 둔다.

믹서에 남은 땅콩 오일 100ml, 타라곤, 식초를 넣고 갈아 고운 드레싱을 만든다. 핸드 믹서를 이용해도 된다.

잘 구워진 채소를 접시에 담고, 탈레조 치즈와 드레싱을 골고루 위에 뿌린다. 경수채 등 겨울에 나는 푸성귀를 곁들여도 좋다.

청어 절임 샐러드

PICKLED HERRING, CUCUMBER, FENNEL, DILL, DRIED, CRANBERRIES, DARK RYE

청어를 집에서 직접 절이려면 번거롭지만 시간 여유가 된다면 멋진 요리를 만들 수 있습니다. 스웨덴에서는 모든 정통 뷔페에서 청어 절임이 제공되며 종류도 아주 다양하죠. 이 레시피에서는 싱싱하고 아삭한 샐러드와 크랜베리를 더해 맛있고 풍부한 과일향까지 더해줍니다.

- 암염 300g
- 그래뉴당 200g
- 통후추 ½작은술
- 타임 1가지
- 레몬 껍질 1개분
- 생 청어 필레 300g
- 피클 용액
- 화이트와인 식초 500ml
- 그래뉴당 50g
- 통후추 ½작은술
- 샐러드 재료
- 말린 크랜베리 50g
- 회향 1개
- 오이 ½개
- 엑스트라 버진 올리브유 2큰술
- 레몬즙 ¼개분
- 소금과 갓 갈아낸 후추
- 장식용 딜 ½다발
- 흑호밀빵 4장

4인분

추천 드레싱
피클 주스 약간

청어 필레를 하루 전에 준비한다. 암염, 설탕, 통후추 양의 절반, 타임, 레몬 껍질을 볼에 넣고 모든 재료를 골고루 섞는다. 중간 크기의 그릇 바닥에 양념의 반 정도를 깐다.

청어 필레를 키친타월로 두드려 수분을 제거하고 절임 양념 위에 올린다. 나머지 양념을 그 위에 덮는다. 그릇을 비닐 랩으로 덮어 12시간 동안 냉장고에 숙성시킨다.

피클 용액을 만들려면 식초 100ml, 설탕, 나머지 통후추를 작은 냄비에 넣어 설탕이 녹을 때까지 약불에 끓인다.

남은 식초와 냉수 100ml를 붓고 딜을 넣는다. 볼에 담고 비닐 랩을 씌워 완전히 식을 때까지 냉장고에 넣어둔다.

청어 필레를 절임 양념에서 꺼내고 흐르는 찬물에 씻어 잔여 양념도 닦아낸다.

키친타월로 두드려 물기를 닦고 피클 용액 속에 넣어 냉장고에서 12시간 숙성시킨다.

크랜베리를 작은 내열 볼에 담고 미지근한 물을 부어 1시간 정도 불린다. 반건조 건포도와 비슷한 질감이 된다.

회향을 결 반대 방향으로 아주 얇게 채썬다. 채칼을 쓰면 편리하지만 없을 경우 잘 드는 식칼을 사용한다. 오이를 얇게 동그란 모양으로 채썬다. 크랜베리의 물을 따라내고 손으로 살짝 짜서 남은 물기를 마저 제거한 뒤 큰 볼에 넣는다.

회향과 오이도 볼에 넣고 올리브유와 레몬즙을 드레싱으로 뿌린다. 소금과 후추로 간한다.

샐러드를 접시에 담고 청어 필레를 나누어 올린다. 딜을 곁들여 가니시로 올리고 호밀빵과 함께 낸다.

사슴고기 카르파초 샐러드

VENISON CARPACCIO, PICKLED MUSHROOMS, CAULIFLOWER, BROCCOLI, BABY SORREL

사슴고기는 맛이 풍부하면서도 지방이 적은 편이죠. 농후한 맛이 카르파초에 적합합니다. 카르파초란 이탈리아 정통 음식으로, 주로 쇠고기 육회로 만듭니다. 반드시 허릿살 등 지방이 적은 부위를 사용해야 하죠. 카르파초와 곁들여 먹기에는 피클이 최고입니다. 강렬한 맛이 육회와 잘 어울려 조화를 이룹니다.

- 사슴고기* 500g
- 고수 씨 ½작은술
- 화이트와인 식초 250ml
- 마늘 1쪽
- 타임 1가지
- 그래뉴당* 2작은술
- 잘게 다듬은 브로콜리 ½통
- 잘게 다듬은 콜리플라워 ½통
- 팽이버섯이나 만가닥버섯 등 작은 버섯 250g
- 엑스트라 버진 올리브유
- 소금과 갓 갈아낸 후추

4인분

사슴고기의 지방을 제거하고 얇게 썬다. 비닐 랩 2장 사이에 고기를 끼우고 고기 망치로 살짝 두드려 더 얇게 편다. 연한 고기이므로 뭉개지 않도록 주의한다. 냉장실에 보관한다.

고수 씨를 큰 팬에 넣어 5분간 볶아 향을 낸다. 식초와 마늘, 타임, 소금, 설탕을 넣어 끓인다. 브로콜리와 콜리플라워, 버섯을 넣어 다시 끓이고 냉수 100ml를 넣은 뒤 불에서 내린다.

냉장고에서 사슴고기를 꺼낸다. 비닐 랩 사이에 끼워진 채로 얇게 고기를 썬다. 랩을 벗기고 차가운 접시에 올린 뒤 절인 채소를 위에 올린다. 엑스트라 버진 올리브유를 듬뿍 뿌려 마무리한다.

* **그래뉴당**(Granulated Sugar)
당도 99% 이상의 자당 결정.
탄산음료의 원료로 많이 사용한다.
이 레시피에서는 각설탕으로 대체한다.

* 사슴고기는 쇠고기나 양고기의 지방이 적은 부위로 대체한다.

구운 등심 샐러드

GRILLED SIRLOIN, ENDIVE, GUINNESS CARAMELIZED RED, ONION, BLUE CHEESE

등심은 소에서 아주 맛있는 부위로 손꼽힌다. 엔다이브 쌉싸름한 맛과 블루 치즈의 강렬한 풍미, 캐러멜라이즈한 적양파의 달달함은 쇠고기와 찰떡궁합이다. 기네스 맥주는 적양파에 훈연 향을 더하고, 남은 맥주를 요리 중이나 후에 즐겨도 좋다.

- 적양파 1개
- 엑스트라 버진 올리브유
- 기네스 맥주 100ml
- 타임 1가지
- 발사믹 식초 1작은술
- 등심 스테이크 4개(개당 200~250g)
- 엔다이브 2통
- 스틸튼 치즈 200g
- 소금과 갓 갈아낸 후추

4인분

추천 드레싱
타라곤 드레싱 175p 참조

양파를 얇게 채썬다. 올리브유를 팬에 두르고 중불에 달군 후, 양파를 넣어 부드러워질 때까지 5~10분 익힌다. 기네스 맥주와 타임 잎, 발사믹 식초를 넣고 소금, 후추로 간한다. 강불로 올리고 물기가 날아갈 때까지 계속 익힌다. 불에서 내려 식힌다.

그리들 팬이나 그릴을 예열한다. 스테이크 고기에 간을 충분히 한 후 뜨거워진 그리들이나 그릴에 기호에 맞춰 굽는다. 한 면에 레어는 3~4분, 미디움레어는 5분씩 구우면 된다. 불에서 내려 레스팅한다.

엔다이브는 2.5cm 길이로 자른다. 뿌리 쪽 단단한 부분은 버린다.

블루 치즈를 잘게 부수어 엔다이브와 함께 볼에 담는다. 식은 적양파를 넣어 잘 섞는다. 올리브유를 뿌리고 접시에 담은 후 스테이크를 잘라 곁들인다.

고트 치즈와 렌틸콩 샐러드

WARM GOAT"S CHEESE, LENTILS, PEAR, SULTANAS, CHICORY

겨울에 먹기 좋은 채식용 샐러드 레시피를 소개합니다. 다양한 염소젖 치즈가 있지만 오븐에서 구우려면 셰브르 치즈가 가장 좋습니다. 껍질이 있어 형태가 유지되기 때문이죠. 오븐이 충분히 예열되었는지 반드시 확인하고 치즈를 넣어야 색깔도 잘 나오고 완전히 다 녹지 않아 맛있게 즐길 수 있습니다.

- 푸이 렌틸 300g
- 단단한 염소젖 치즈 300g
- 엑스트라 버진 올리브유
- 서양배 2개
- 건포도 60g
- 치커리 1포기
- 납작 파슬리잎 몇 장
- 레몬즙 ½개분
- 소금과 갓 갈아낸 후추

4인분

추천 드레싱
클래식 프렌치 비네그레트 181p 참조

푸이 렌틸을 큰 냄비에 넣고 물을 충분히 부어 잠기도록 한다. 살짝 부드러워질 정도로 10~15분간 끓인다. 물에서 건지고 흐르는 온수에 헹군다.

그릴을 중불로 달군다. 염소젖 치즈를 1cm 간격으로 잘라 베이킹팬에 올린다. 올리브유와 후추를 뿌린 뒤 노릇해질 때까지 그릴에 5~8분 굽는다.

서양배는 씨를 제거하고 8조각으로 자른다.

치커리를 크게 자르고 뿌리 쪽의 단단한 부분은 버린다. 치즈를 제외한 다른 재료와 함께 볼에 담는다. 올리브유를 뿌리고 잘 섞는다.

샐러드를 접시에 담고 따뜻한 염소젖 치즈를 위에 올린다.

바삭한 판체타와 카넬리니 콩 샐러드

CRISPY PANCETTA, CANNELLINI BEANS, BRUSSEL SPROUTS, PRUNES

방울양배추는 크리스마스 만찬의 부재료 정도로 여기지만
조금만 상상력을 더하면 그 자체로도 멋진 요리가 완성됩니다.
이 요리는 판체타, 콩, 프룬과 함께 내는데, 만찬 요리에
곁들이는 것보다 훨씬 훌륭합니다.

- 카넬리니 빈* 300g
- 얇게 썬 판체타 250g
- 방울양배추 250g
- 반건조 프룬 150g
- 올리브유
- 레드와인 식초 1작은술
- 소금과 갓 갈아낸 후추

4인분

추천 드레싱
바질향 오일 176p 참조

카넬리니 빈을 큰 볼에 넣고 물을 충분히 부어 하룻밤 동안 불린다. 다음날이 되면 체에 거르고 큰 팬에 넣어 새로 물을 채운다. 소금 1작은술을 넣어 끓인다. 한번 끓어오르면 불을 줄여 30분 동안 삶는다. 물이 충분히 콩을 덮을 정도로 남아 있는지 수시로 확인한다. 콩이 부드럽게 익으면 체에 받쳐 물기를 배고 흐르는 찬물에 헹구어 옆에 둔다.

오븐을 160°C로 예열한다. 오븐팬에 종이호일을 깐다. 판체타 여러 장을 종이호일 위에 올리고 그 위를 종이호일로 덮는다. 오븐팬을 하나 더 올려 판체타가 눌려 있도록 한다. 오븐에 넣어 15분 동안 굽는다. 색깔이 짙어지고 딱딱하며 지방이 일부 녹았는지 종종 확인한다. 팬에서 건져내고 키친타월 위에 올려 기름기를 뺀다.

방울양배추는 끓는 소금물에 8~10분 정도 삶아 살짝 부드러워진 상태로 익힌다. 체에 받쳐 물기를 빼고 살짝 식힌 후 반으로 자른다.

프룬을 크게 썰고 콩, 방울양배추, 소금, 후추, 올리브유, 레드와인 식초와 볼에 넣어 골고루 섞는다.

샐러드를 접시에 담고 바삭한 판체타를 위에 올린다.

* **카넬리니 빈**
이태리가 주 산지인 카넬리니 빈은 높은 단백질과 식이섬유를 함유하고 있어 다이어트 식품으로 사랑받는다.

양고기 고구마 순무 케일 샐러드

LAMB, SWEET POTATO, TURNIP, CRISPY KALE, SESAME SEEDS

양고기는 지방 함량이 높은 부위가 많지만, 이 레시피에는 담백한 허릿살 부위의 필레를 사용합니다. 고기를 꼬치에 굽는 지중해와 중동 지방의 정통 요리법을 활용했습니다.

- 마늘 3쪽
- 레몬 제스트 1개분, 레몬즙 ½개분
- 크게 썬 로즈마리 1다발
- 올리브유
- 양고기 허릿살 1kg
- 순무 600g
- 고구마 600g
- 손질한 케일 200g
- 참깨 1큰술
- 소금과 갓 갈아낸 후추

4인분

추천 드레싱
마늘 요거트 164p 참조

마늘을 으깬 뒤 작은 절구에 소금과 넣어 빻는다. 레몬 제스트, 로즈마리, 후추, 올리브유와 함께 볼에 넣고 섞는다. 양고기를 4cm 크기로 깍둑썰고 볼에 넣어 골고루 양념이 배도록 무친다. 뚜껑을 덮어 냉장고에 넣고 2시간 동안 숙성시킨다.

오븐을 180℃로 예열한다. 순무와 고구마를 손질하고 2.5cm 크기로 깍둑썬다. 오븐팬에 넣어 올리브유, 소금, 후추를 뿌리고 30~40분간 굽는다.

케일을 끓는 소금물에 30초 데치고 꺼낸 뒤 흐르는 찬물에 헹군다. 물기를 빼고 잘 말린다. 케일을 오븐팬에 깔고 소금, 올리브유를 뿌린 뒤 골고루 버무린다. 오븐에서 5~10분 구운 뒤 꺼내서 식힌다.

참깨를 코팅 프라이팬에 중불로 10분간 볶는다. 타지 않도록 뒤적이고 불에서 내려 옆에 둔다.

그릴이나 바비큐 오븐을 예열한다. 양고기를 꼬치에 끼운다. 소금으로 간하고 그릴이나 바비큐 오븐에 뒤집어가며 굽는다. 8분 익히면 미디움, 12~15분 익히면 웰던이 된다.

익힌 순무, 고구마, 참깨를 볼에 담는다. 케일을 더하고 간을 본다. 샐러드를 접시에 올리고 양고기 꼬치를 나눠 담는다.

염장한 양지와 꿀 순무 샐러드

SALTED BRISKET, HONEY, ROASTED SWEDE, PEARL BARLEY, CAVOLO NERO, PARSNIP CRISP

염장 쇠고기는 소금물에 오랜 시간 절여 만드는데, 과정이 어렵지는 않지만 2주 가까이 시간이 소요됩니다. 직접 할 여력이 없다면 유대계 정육점에서 구할 수 있죠. 이 레시피는 유대계와 영국계 음식에서 영감을 얻어 만든 샐러드로, 따뜻하게 먹는 것이 가장 맛있습니다.

- 염장 쇠고기 양지* 1kg
- 당근 큰 것 1개
- 셀러리 1대
- 양파 1개
- 마늘 1통
- 통후추 1작은술
- 타임 가지 몇 개
- 월계수 잎 2장
- 루타바가* 600g
- 꿀 1큰술
- 올리브유
- 통보리 500g
- 카볼로 네로 케일* 1포기
- 파스닙 2개
- 식용유
- 레몬즙 ½개분
- 소금과 갓 갈아낸 후추

4인분

추천 드레싱
살사 베르데 166p 참조

염장 쇠고기를 큰 냄비에 넣고 냉수를 넣어 끓인 뒤 불에서 내린다. 물을 버리고 냄비를 닦은 뒤 다시 냉수를 넣고 당근, 셀러리, 양파, 마늘, 통후추, 타임, 월계수 잎을 추가해서 끓인다. 끓기 시작하면 약불로 줄여 3시간 동안 삶는다. 필요에 따라 물을 추가한다. 완성되면 포크로 찢을 수 있을 만큼 부드러워진다. 불에서 내리고 그대로 레스팅한다.

오븐을 180°C로 예열한다. 루타바가를 4cm 두께로 썰고 끓는 소금물에 잠시 데쳐 물기를 뺀다. 꿀과 같은 양의 올리브유를 볼에 담아 섞고 루타바가 위에 뿌린다. 오븐팬에 올려 소금과 후추로 간하고 20~30분간 굽는다.

통보리를 팬에 올려 염장 쇠고기 육수를 붓는다. 너무 짜지 않은지 간을 확인한다. 많이 짜면 냉수를 추가한다(육수를 쓸 경우 마무리용으로 조금 남겨둔다). 끓어오르면 15분간 삶고 물기를 걸러낸다.

카볼로 네로 케일 잎을 단단한 줄기로부터 뜯어낸다. 5cm 정도로 잎을 썰어 소금물에 3~5분간 데친다. 물기를 빼고 흐르는 찬물에 헹군 뒤 다시 물기를 뺀다.

파스닙 껍질을 까서 버린 후 계속해서 깎기로 얇게 썬다. 올리브유를 5cm 깊이로 큰 냄비에 붓고 중불에 달군다. 온도계로 180~200°C가 될 때까지 예열한다. 긴 파스닙 조각을 넣고 노릇해질 때까지 튀긴다. 구멍 뚫린 쇠국자로 뒤적여 가며 골고루 익힌다. 노릇하게 익는 즉시 건져내고 키친타월 위에 올려 기름기를 뺀다.

루타바가, 카볼로 네로 케일, 통보리를 큰 볼에 담아 섞는다. 레몬즙을 뿌리고 간을 맞춘다. 샐러드를 접시에 담고 염장 쇠고기를 두껍게 썰어 올린 뒤 국물을 조금씩 위에 뿌린다. 파스닙 튀김을 곁들여 완성한다.

염장 쇠고기는 소금물에 오랜 시간 절여 만듭니다. 과정은 어렵지 않지만 2주 가까이 시간이 소요됩니다. 이 샐러드는 유대계와 영국계 전통음식에서 영감을 얻었는데, 따뜻하게 먹을 때 가장 맛있습니다.

- **염장 쇠고기 양지**
  염장 쇠고기는 쇠고기 양지로 대체한다.
- **루타바가**
  겨자과 풀로, 순무로 대체한다.
- **카볼로 네로 케일**
  검은빛이 나는 케일과 식물로, 케일로 대체한다.

+SOUP

아몬드 오일 양배추 수프

CABBAGE SOUP WITH ALMOND OIL

훌륭한 겨울 수프는 먹기 좋고 든든해야 합니다. 하지만 꼭 칼로리가 높을 필요는 없죠. 양배추 수프는 높은 섬유질 함량과 낮은 칼로리로 다이어트에 도전하거나 간편하게 건강식을 찾는 이들에게 널리 사랑받는 메뉴입니다. 아몬드 오일로 마무리해 고급스러운 향을 더하는 것이 포인트입니다.

- 잘게 다진 양파 100g
- 버터 1큰술
- 마늘 1쪽
- 껍질 벗긴 셀러리 1대
- 잘게 썬 녹색 양배추 600g
- 닭 육수 800ml
- 타임 1가지
- 아몬드 오일이나 질 좋은 헤이즐넛 오일, 엑스트라 버진 올리브유
- 소금과 갓 갈아낸 후추

4인분

버터를 큰 냄비에 넣어 약불에 달군다. 다 녹으면 양파, 마늘, 셀러리를 넣고 뚜껑을 덮어 10분 동안 익힌다. 양배추를 넣고 불을 살짝 올려 저어가며 2분간 볶는다.

닭 육수와 타임을 넣고, 국물이 끓으면 불을 줄여 10분 더 조린다. 타임을 건져내고 불에서 내린다.

믹서에 2~3회분으로 나누어 넣고 곱게 간다. 간을 보고, 너무 식었다 싶으면 다시 팬에 올려 따뜻하게 데운다. 볼에 담고 아몬드 오일을 뿌려 완성한다.

드레싱과 딥
DRESSINGS AND DIPS

바질과 루콜라 페스토

BASIL AND ROCKET PESTO

클래식한 바질 페스토에 루콜라를 더해 톡 쏘는 맛을 추가했습니다. 페스토를 만드는 가장 좋은 방법은 재료를 믹서로 가는 대신 손으로 다지는 겁니다. 루콜라는 바질의 향을 죽이지 않도록 맛을 봐가며 더해야 하죠. 만들기 쉽고 간편할 뿐 아니라 시중에서 판매하는 것보다 훨씬 맛있습니다. 남으면 올리브유로 덮어 냉장고에 보관하세요. 일주일 정도 두고 쓸 수 있습니다.

- 잣 20g
- 루콜라 30g
- 잘게 썬 바질 30g
- 파마산 치즈 30g
- 마늘 1쪽
- 엑스트라 버진 올리브유 6큰술
- 소금과 갓 갈아낸 후추

4인분

잣을 마른 프라이팬에 올리고 노릇해질 때까지 저어가며 약불에 5~10분간 볶는다. 불에서 내린다.

잣을 비롯한 마른 재료를 아주 곱게 다진다. 볼에 넣어 올리브유와 고루 섞는다.

파마산 치즈를 갈아넣고 기호에 따라 간을 맞춘다.

블랙 올리브 타프나드

BLACK OLIVE TAPENADE

타프나드는 프랑스 프로방스 지방에서 유래한 음식으로, 딥으로 찍어 먹거나 스프레드로 발라 먹습니다. 타프나드 만들 때는 최상품 올리브와 양질의 올리브유가 아주 중요하죠. 우리는 과일향으로 뛰어난 바탕이 되어주는 칼라마타 올리브를 사용합니다. 흰살 생선이나 닭고기의 연한 맛에 짭짤한 풍미를 더해줍니다.

- 씨를 제거한 검은 올리브 200g
- 케이퍼 1작은술
- 잘게 다진 파슬리
- 엑스트라 버진 올리브유 4큰술
- 레몬즙 ½개분

4인분

모든 재료를 푸드 프로세서에 곱게 간다.

믹서 대신, 올리브와 케이퍼, 파슬리를 잘 드는 칼로 직접 다지고 볼에 넣어 올리브유와 레몬즙을 뿌린 후 골고루 섞어도 된다.

석류 드레싱

POMEGRANATE DRESSING

석류 비네그레트의 상큼한 신맛은 고기와 생선 요리 어느 쪽에나 잘 어울립니다.

- 올리브유 4큰술
- 석류 시럽 50ml
- 레드와인 식초 1큰술
- 소금

4인분

올리브유와 석류 시럽을 볼에 섞고 식초를 더해 다시 저어준다. 소금을 넣어 간한다.

로마노 고추 페스토

SPICY ROMANO RED PEPPER PESTO

고추로 만든 페스토는 정말 맛있어서 뷔페 음식을 준비할 때
행사에서 낸 적도 있을 정도입니다. 빵에 올려 먹어도 좋고,
닭고기나 흰 살 생선 요리에도 잘 어울리죠. 로마노 고추는 피망보다
약간 달콤한데, 여기에 칠리를 살짝 넣어 매콤함을 더했습니다.
기호에 따라 칠리는 제외해도 무방해요.

- 반으로 갈라 씨를 제거한 로마노 고추 1개
- 씨를 제거하고 잘게 썬 레드 칠리 1개
- 잘게 다진 마늘 1쪽
- 파마산 치즈 가루 1큰술
- 엑스트라 버진 올리브유 6큰술
- 소금 한 꼬집

4인분

오븐을 200°C로 예열한다.

고추를 반으로 갈라 베이킹팬에 올리고 껍질이 까맣게 변해 물집이 생길 때까지 오븐에 20~30분간 굽는다. 오븐에서 꺼내 살짝 식힌다.

껍질을 벗겨 버린 뒤 고추를 잘게 다져 볼에 넣고, 나머지 재료를 더해 골고루 섞는다.

레몬과 딜 드레싱

LEMON AND DILL DRESSING

레몬과 딜은 생선 요리에 곁들이면 환상의 궁합을 선보입니다.
해산물 샐러드를 업그레이드하는 데는 이만한 소스가 없죠.

- 레몬즙 50ml
- 엑스트라 버진 올리브유 150ml
- 생 딜 1작은술
- 소금과 갓 갈아낸 후추

4인분

모든 재료를 볼에 넣어 섞는다.

마늘 요거트

GARLIC YOGHURT

마늘 요거트는 아이올리 드레싱 대용으로 쓰기 아주 좋습니다.

- 마늘 1쪽
- 소금 한 꼬집
- 그릭 요거트 200g
- 물 2큰술
- 엑스트라 버진 올리브유 1큰술

4인분

마늘과 소금을 작은 절구에 넣어 잘 빻는다. 절구 대신,
무거운 칼로 마늘과 소금을 곱게 다진 후 나머지 재료를 모두
넣고 골고루 섞어도 된다.

살사 베르데

SALSA VERDE

이탈리아의 전통 소스로, '녹색 소스'라는 뜻입니다. 살사 베르데를 만드는 다양한 방법이 있지만, 무엇보다도 녹색 채소가 중요합니다. 가장 흔한 레시피는 올리브유와 식초를 섞지만, 앤초비와 케이퍼, 머스터드, 샬롯 등 원하는 건 무엇이든 좋습니다. 요리에 어울리는 재료를 넣어보세요. 생선, 고기, 채소 요리에 모두 잘 어울리고, 새비지 샐러드에서는 감자 샐러드의 드레싱으로도 활용합니다.

- 케이퍼 1큰술
- 바질 잎 10장
- 민트 10g
- 파슬리 10g
- 마늘 작은 것 1쪽
- 앤초비 필레 1개
- 엑스트라 버진 올리브유 6큰술
- 화이트와인 식초 1작은술
- 소금 한 꼬집

4인분

모든 마른 재료를 잘 드는 칼로 다져 볼에 넣는다. 올리브유와 화이트와인 식초를 넣고 골고루 섞는다. 간을 보고 필요에 따라 소금을 한 꼬집 넣는다.

셰리 비네그레트

SHERRY VINAIGRETTE

추운 날에는 셰리 비네그레트가 기분 좋게 따뜻한 느낌을 줍니다.
다른 드레싱을 만드는 기초가 되기도 하죠.

- 잘게 다진 바나나 샬롯 1개
- 셰리 식초 100ml
- 엑스트라 버진 올리브유 200ml
- 소금 한 꼬집

4인분

모든 재료를 볼에 넣어 섞는다.

홀그레인 머스터드 드레싱

WHOLEGRAIN MUSTARD DRESSING

또다른 클래식 드레싱입니다.
매콤한 향이 돼지고기와 잘 어울리죠.

- 땅콩 오일 100ml
- 홀그레인 머스터드 1작은술
- 화이트와인 식초 50ml
- 올리브유 100ml
- 소금과 갓 갈아낸 후추

4인분

땅콩 오일과 머스터드를 볼에 담고 걸쭉하게 유화될 때까지 잘 섞는다. 식초를 넣어 휘젓고 천천히 올리브유를 부어가며 젓는다. 물 50ml를 저어가며 넣고 소금과 후추로 간한다.

훈제 파프리카와 라임 후무스

SMOKED PAPRIKA AND LIME HUMMUS

직접 후무스를 만들어보면 의외로 쉽고 간단합니다. 불을 쓰지 않아도 되고 몇 가지 재료만 있으면 완성되니까요. 포인트는 비율을 조절하는 것입니다. 레몬즙 대신 라임을 썼고, 훈제 파프리카를 넣어 화끈함을 더했습니다.

- 병아리콩 캔 400g
- 라임 제스트 2개분
- 타히니 50g
- 엑스트라 버진 올리브유 1큰술
- 훈제 파프리카 파우더 ½작은술
- 마늘 1쪽
- 소금

4인분

병아리콩은 건지고 국물을 따로 둔다. 모든 재료를 푸드 프로세서에 넣어 간다. 캔에서 나온 국물을 조금씩 넣어 농도를 조절한다. 간을 맞춘다.

블루 치즈 드레싱

BLUE CHEESE DRESSING

잎이 많은 샐러드에 감칠맛을 돋우는 데 탁월한 드레싱입니다.
딥으로 먹어도 맛있죠.

- 블루 치즈 50g
- 크렘 프레슈 50g
- 화이트와인 식초 1작은술
- 엑스트라 버진 올리브유 1큰술
- 마늘 가루 조금
- 정제당 조금
- 소금과 갓 갈아낸 후추

4인분

모든 재료를 푸드 프로세서에 넣어 갈고 간을 맞춘다.

시트러스 드레싱

CITRUS DRESSING

시트러스 드레싱은 다양한 드레싱의 기초가 됩니다. 간단하고 담백하며
과일이 많은 샐러드나 생선 요리에 적합하죠. 오렌지나 자몽, 라임을
넣어 싱그러운 맛이 더해도 좋습니다.

- 레몬즙 50ml
- 엑스트라 버진 올리브유 150ml
- 소금, 후추

4인분

모든 재료를 볼에 넣어 섞는다.

물냉이 마요네즈

WATERCRESS MAYONNAISE

물냉이는 샐러드에 쓰이는 잎채소 가운데 독보적으로
새콤하고 강렬한 맛을 냅니다.

- 달걀노른자 2개
- 디종 머스터드 1작은술
- 땅콩 오일 300ml
- 화이트와인 식초 1작은술
- 물냉이 150g
- 소금과 갓 갈아낸 후추

4인분

달걀노른자와 머스터드를 볼에 넣고 땅콩 오일을 몇 방울 떨어뜨린 뒤 잘 젓는다. 나머지 땅콩 오일을 넣되, 처음에는 서서히 섞기 시작해서 점점 걸쭉하게 유화되도록 한다. 오일 분량의 절반 정도를 쓴다. 화이트와인 식초를 추가하고 나머지 오일까지 모두 넣어가며 휘저어 옆에 둔다.

물냉이를 끓는 소금물에 10초 데친 뒤 물기를 털고 마요네즈에 넣는다. 혼합물을 푸드 프로세서에 넣고 곱게 간다. 간을 맞춘다.

타라곤 드레싱

TARRAGON DRESSING

아니스 씨(회향 씨) 향이 나는 타라곤은 뿌리채소와 궁합이 좋습니다.
요리할 때 너무 많이 넣으면 향이 과할 수 있으니 적당량만 사용하세요.

- 잘게 다진 바나나 샬롯 1개
- 셰리 식초 100ml
- 엑스트라 버진 올리브유 200ml
- 잘게 썬 타라곤 1큰술
- 소금 한 꼬집

4인분

모든 재료를 볼에 넣어 섞는다. 30분간 향이 배도록 둔 후 접시에 담아낸다.

오렌지와 꿀 드레싱

ORANGE AND HONEY DRESSING

달콤하고 걸쭉한 드레싱으로
따뜻한 고기 샐러드나 구운 채소 요리에 잘 어울립니다.

- 오렌지 주스 400ml
- 꿀 1큰술
- 오렌지 제스트 1개분
- 소금

4인분

오렌지 주스의 ¾분량을 냄비에 담아 ¾ 정도로 줄어들 때까지 조린다. 남은 오렌지 주스를 꿀, 오렌지 제스트와 함께 넣는다.

더 강한 맛을 내려면 오렌지 껍질을 얇게 채썰어 넣는다. 소금으로 간한다.

바질향 오일

BASIL-INFUSED OIL

바질처럼 강렬한 향이 나는 허브는 올리브유와 섞어
그윽한 드레싱을 만들어두면 몇 주 동안이나 쓸 수 있습니다.
세이지향 오일도 똑같은 방식으로 만들 수 있어요.

- 바질 50g
- 엑스트라 버진 올리브유 300ml

4인분

허브를 볼이나 단지에 넣어 올리브유를 붓고 최소 24시간 동안 우려낸다. 샐러드 위에 뿌려 먹는다.

생강과 참깨 드레싱

GINGER AND SESAME DRESSING

아시아 음식의 풍미를 내는 데는 참깨가 최고죠.
어느 샐러드에나 독특함을 더해주는 고소한 드레싱을 소개합니다.

- 생강 가루 1큰술
- 참기름 1큰술
- 레몬즙 1작은술
- 소금과 갓 갈아낸 후추

4인분

모든 재료를 볼에 넣어 섞는다.

코코넛 요거트

COCONUT YOGHURT

열대 지방의 맛을 느낄 수 있는 드레싱입니다.
코코넛 요거트는 닭고기 샐러드에 크리미하게 올리면 근사합니다.

- 코코넛 밀크 5큰술
- 그릭 요거트 250g
- 엑스트라 버진 올리브유 1큰술
- 소금

4인분

모든 재료를 볼에 넣어 섞는다. 소금으로 간한다.

헤이즐넛과 타임 드레싱

HAZELNUT AND THYME DRESSING

견과류에 허브를 더한 드레싱으로,
닭고기 샐러드와 최적의 조화를 이룹니다.

- 헤이즐넛 50g
- 곱게 다진 타임 1큰술
- 셰리 식초 1큰술
- 땅콩 오일 100ml
- 엑스트라 버진 올리브유 100ml
- 소금, 후추

4인분

헤이즐넛을 마른 프라이팬에 넣고 약불에 15~20분 고루 볶아 색을 낸다. 불에서 내려 식힌 뒤 작게 부순다. 절구에 빻거나 무거운 칼로 다진다.

모든 재료를 볼에 넣고 섞은 뒤 소금과 후추로 간한다.

클래식 프렌치 비네그레트

CLASSIC FRENCH VINAIGRETTE

- 땅콩 오일 100ml
- 디종 머스터드 1작은술
- 화이트와인 식초 50ml
- 올리브유 100ml
- 소금, 후추

4인분

땅콩 오일과 머스터드를 볼에 담고 걸쭉하게 유화될 때까지 잘 섞는다. 식초를 넣어 휘젓고 천천히 올리브유를 부어가며 젓는다. 물 50ml를 저어가며 넣고 소금과 후추로 간한다.

SAVAGE SALADS
HICKEN SALAD £ 5.0
HALLOUMI SALAD £ 5 00
CHICKEN & HALLOUMI SALAD £ 5.00
EXTRA CHICKEN OR HALLOUMI £ 1.00
DOUBLE CHICKEN OR HAL OUMI £ 2.00
BOXES ARE SERVED WITH MIX OF
SALADS & PITTA BREAD

GARLIC YOG
COCONUT YOGHURT
LEMON + DILL
HUMMUS
BALS AMIC
BASIL OIL
CITRUS.
HAZEL + THYME
GINGER

번역 정하연

UC버클리에서 정치경제학, 워싱턴주립대에서 역사학을 전공했으며 현재 다방면의 번역가로 활동하고 있다.
평소 맛과 영양, 시간 고민을 모두 해결해주는 샐러드를 즐겨왔다.
사이드 메뉴가 아닌 한 끼 메인 메뉴로도 손색없는 든든한 샐러드의 매력이
널리 알려지길 바라는 마음을 담아 이 책을 번역했다.

감수 최혜숙

동국대학교에서 식품공학 박사학위를 받았다. 중국의 신북경 요리학교, 일본의 에가미 요리학교 가정요리 과정,
이탈리아 ICIF 요리학교의 전문가 과정, ETOILE 요리학교의 이탈리아요리 과정을 이수했으며,
현재 휘슬러코리아에서 수석셰프로 근무하고 있다.
이 책의 감수를 맡아, 우리에게 낯선 식재료의 대체 재료를 제안하고 어려운 조리법에 대한 설명을 덧붙였다.
지은 책으로는 〈매일 현미밥〉, 〈처음 이유식〉, 〈매일 파스타〉 등이 있다.

런던 새비지 샐러드의 계절 샐러드와 드레싱

완벽한 샐러드

2019년 3월 20일 초판 1쇄 발행

지은이 • 다비드 · 크리스티나
옮긴이 • 정하연
펴낸이 • 이동은

편집 • 박현주

펴낸곳 • 버튼북스
출판등록 • 2015년 5월 28일(제2015-000040호)

주소 • 서울 서초구 방배중앙로25길 37
전화 • 02-6052-2144 팩스 • 02-6082-2144

ISBN 979-11-87320-25-8 13590